离散数学

许薇 同军红 吴广裕 编著

清华大学出版社
北京

内 容 简 介

本书系统介绍了离散数学的基本概念、基本定理、运算规律及离散数学在计算机科学与技术中的应用。全书共 6 章,主要内容包括命题逻辑、谓词逻辑、集合及其运算、关系、函数和图论。每章均附有精选习题。本书在内容安排上循序渐进,概念阐述严谨,证明推演详尽,实例说明清楚。

本书立求将理论与应用相结合,适合作为普通高等院校计算机专业本科生的教材,也可供从事计算机软件开发和应用的人员参考使用。

图书在版编目(CIP)数据

离散数学/许薇,同军红,吴广裕编著.—北京:清华大学出版社,2024.1
ISBN 978-7-302-65354-7

Ⅰ. ①离⋯　Ⅱ. ①许⋯ ②同⋯ ③吴⋯　Ⅲ. ①离散数学　Ⅳ. ①O158

中国国家版本馆 CIP 数据核字(2024)第 019862 号

责任编辑:刘向威
封面设计:文　静
责任校对:申晓焕
责任印制:曹婉颖

出版发行:清华大学出版社
　　　　网　　　址:https://www.tup.com.cn,https://www.wqxuetang.com
　　　　地　　　址:北京清华大学学研大厦 A 座　　邮　　编:100084
　　　　社 总 机:010-83470000　　　　　　　　邮　　购:010-62786544
　　　　投稿与读者服务:010-62776969,c-service@tup.tsinghua.edu.cn
　　　　质量反馈:010-62772015,zhiliang@tup.tsinghua.edu.cn
印 装 者:三河市人民印务有限公司
经　　销:全国新华书店
开　　本:185mm×260mm　　印　张:11.5　　　　　　字　　数:273 千字
版　　次:2024 年 3 月第 1 版　　　　　　　　　　　印　　次:2024 年 3 月第 1 次印刷
印　　数:1～1500
定　　价:49.00 元

产品编号:096519-01

前　言

　　"离散数学"课程属于计算机专业的核心基础课,是现代数学的一个分支,是研究离散量的结构及相互关系的学科。随着计算机科学的发展和计算机应用领域的日益扩大,迫切需要适当的数学工具来解决计算机科学各个领域中提出的有关离散量的理论问题。离散数学就是为适应这种需要而创立的,它综合了计算机科学中所用到的研究离散量的数学课题,并进行系统、全面的论述,从而为研究计算机科学及相关学科提供了有力的理论基础和工具。通过本课程的学习,可为各专业后续课程,如程序设计、数据结构、编译原理、操作系统、人工智能、形式语言与自动机、信息管理与检索及开关理论等,提供相应的数学基础和工具。

　　在编写本书的过程中,作者通过信息技术领域实际案例引入知识点,力求把相应知识点讲活讲通,同时融入思政元素,使教材内容适合应用型本科学生的认知需求。为了进一步落实培养"应用型"人才的目标,在改进教学内容和教学方式上不断摸索,努力帮助学生理解基本理论,达到学以致用。

　　本书系统介绍了离散数学的基本概念、基本定理、运算规律及离散数学在计算机科学与技术中的应用,主要内容包括命题逻辑、谓词逻辑、集合及其运算、关系、函数和图论。章前有学习目标和思政点,章内有例题解析,章后附有习题。内容循序渐进,概念阐述严谨,证明推演详尽,理论联系实际,适合作为应用型本科院校计算机专业的教材。

　　本书由许薇负责全部统稿工作并编写第3、4章,同军红编写第1、2章,吴广裕编写第5、6章。

　　由于编者水平有限,本书难免会有不足之处,恳请广大读者批评指正。

编　者

2023 年 10 月

目　　录

第1章 命题逻辑

　　逻辑学是研究人的思维形式和规律的科学,是我们在进行逻辑推理时使用的一组规则。根据所研究的对象和方法的不同,逻辑学分为辩证逻辑和形式逻辑。

　　形式逻辑是以思维形式结构及其规律为研究对象的类似语法的一门工具性学科。其中,概念是思维的基本单位;判断是通过概念对事物是否具有某种属性进行肯定或否定的回答;由一个或者几个判断推出另一个判断的思维过程就是推理。研究推理有很多方法,用数学方法来研究推理规律的科学统称为数理逻辑。这里所谓的数学方法就是引进一套符号体系的方法,所以数理逻辑也叫符号逻辑。在形式逻辑中,我们关心的是陈述的真假,即如何从其他陈述中推断出一个陈述的真假。

　　数理逻辑与数学的其他分支、计算机科学与技术、人工智能、语言学等学科均有密切联系。命题逻辑是数理逻辑的基础,它以命题为研究对象,研究基于命题的符号逻辑体系及推理规则。

本章学习目标及思政点

学习目标

- 命题的基本概念:命题、命题的真值、命题标识符、原子命题和复合命题
- 命题联结词:否定联结词、合取联结词、析取联结词、蕴涵联结词和等价联结词
- 命题公式的基本概念:命题常项、命题变项、命题公式、命题符号化、命题翻译、公式的真值指派或解释、公式的真值表、公式的类型(重言式或永真式、矛盾式或永假式、可满足式)
- 命题公式间的关系:等值、等值式、基本等值式、等值演算
- 命题公式的范式:合取范式、析取范式、最小项、最大项、主合取范式和主析取范式
- 命题演算的推理理论:前提引用规则、结论引用规则、置换规则、代入规则、反证法等

思政点

　　培养对于事物认知的科学精神,形成负责的学习态度,既敢于质疑、探究新知,又能够实事求是、独立思考;培养科学方法(探究核心),了解或把握认识客观事物的过程和程序,知道如何运用科学技术知识去尝试解决身边的问题;认识事物整体与部分的关系,树立辩证唯物主义哲学观;培养事物之间都是有普遍联系的认识观;学习运用辩证法寻找事物之间的内在联系;把握推理证明过程的严谨性原则,加深对因果关系和事物发展必然性的理解,能辩证地看待事情的结局,加强对辩证唯物主义观点的体会。

1.1　命题与命题联结词

1.1.1　命题

　　推理是数理逻辑研究的中心问题。推理的前提和结论都是表达判断的陈述句,因而表

达判断的陈述句构成了推理的基本单位。

定义 1.1　　具有真值或假值的陈述句称为**命题**。

在日常生活中,通常用陈述句表明对某件事真假性的判断或说明。命题是一个有意义的陈述句,表明人们进行理性思维活动时的一种判断,通常用来肯定或否定事物某种性质或某种关系。可以由命题陈述的内容来确定所说的是真还是假,如果认为所做的判断是正确的,把对应的陈述句称为**真命题**,其值可以用 T 或者 1 来表示。如果把认为所做的判断是错误的,把对应的陈述句称为**假命题**,其值可以用 F 或者 0 来表示。

例 1.1　　判断下列语句是否为命题。

(1) Python 是一门计算机高级程序语言。

(2) 8 是偶数。

(3) 请喝水!

(4) 你从哪里来?

(5) $x+5>10$。

(6) 7 能被 2 整除。

(7) 明天下雨。

(8) int a。

(9) 我正在说谎。

解:(3)是祈使句;(4)是疑问句,即都不是陈述句,因此都不是命题;(5)是陈述句,但因 x 不定,所以其结果不可判断,所以也不是命题;(8)由于 a 未知,从 C 语言的定义来看,结果也不可知,所以也不是命题。

(1)(2)(6)都是陈述句,从现有的认知来看,结果可以确定,因而是命题。

(7)"明天下雨"的真值现在还不能确定,要根据明天的天气来决定,所以要注意不是所有的陈述句都是命题。

(9)"我正在说谎"是一个陈述句,但无法确定其真值,因为如果我们说这个陈述句是真的,即"我"说的是谎话,则这个陈述句是假;而如果我们说这个陈述句是假的,即"我"说的是真话,则这个陈述是真。显然,这个陈述句是矛盾的,其真假性不能确定,我们将这种矛盾的陈述句称为悖论。在命题逻辑中不讨论悖论。

例 1.2　　判断下列语句是否为命题? 如果是,尝试给出结果。

(1) 李华生于 2021 年 1 月 5 日。

(2) 太阳是从东方升起的。

(3) 木星上有水。

解:(1)李华要么生于 2021 年 1 月 5 日,要么不是,二者必有一个满足,所以是命题。(2)太阳是从东方升起的,从常识来看是真命题,但要注意我们所讨论的范围即域仅限于现有的认知体系。(3)木星上有没有水是客观存在的事实,只不过需要进一步去印证真假事实,因而也是命题。所以在探讨是否命题时,要区分好"已知其真假"和"本身具有真假",这样更有助于判断。

命题可以分为原子命题和复合命题两种。不能再分解为更简单的命题称为**原子命题**(也称为本原命题或简单命题);可以分解为更简单的命题称为**复合命题**。一般地,复合命题是由原子命题通过联结词联结而成的,也具有确定的真值。

例 1.1 和例 1.2 中的命题都是不可分解的陈述句,这些命题的真假性可以独立于其他命题来决定,都是原子命题。

例 1.3 判断下列命题哪些是简单命题(原子命题),哪些是复合命题?

(1) 如果 1+1=2,那么太阳就从东方升起。

(2) 吴敏霞和郭晶晶是跳水冠军。

(3) 张家铭和李平是同学。

解:(1)包含"1+1=2"和"太阳从东方升起"两个独立的命题,并且用"如果……那么……"来联结,所以是一个复合命题;(2)也是包含了"吴敏霞是跳水冠军"和"郭晶晶是跳水冠军"两个命题,并且用"和"联结,是复合命题;(3)表示张家铭和李平是同学,是简单命题。

复合命题的基本性质是其真值可以由其原子命题的真值及将它们复合成该复合命题的联结方式确定。

1.1.2 命题联结词

在程序设计中,命题对象的性质是通过若干属性来描述的,这些属性需要用联结词联结。例如要定义学生类,需要描述学生的学号、姓名、年龄等属性,这些属性在程序设计中用联结词"且"联结。再如明天下雪或者明天下雨就可用"或"联结词进行联结。

为了便于研究,需要对自然语言中的联结词进行符号化处理,用形式化的数学符号进行复杂命题的表达。在数理逻辑中,将这种自然语言联结词的形式符号化称为命题联结词。

1. 否定联结词 ¬

定义 1.2 设 p 为一任意命题,则 p 的否定是一新的命题,记作 ¬p,读作"非 p",称"¬"为**否定联结词**。若 p 的真值为 T,则 ¬p 的真值就为 F;若 p 的真值为 F,则 ¬p 的真值就为 T。

这里的 p 表示原子命题,一般用小写英文字母表示,¬表示命题的否定,¬p 的含义为"命题 p 的否定",可以将 ¬p 称作 p 的否命题,其真值关系如表 1.1 所示。

表 1.1 p 与 ¬p 的真值关系

p	¬p
1	0
0	1

在自然语言中,一般可以用"非、不、没有、无、并不"等表示否定。

例 1.4 设命题 p 表示的陈述句为"今天出太阳",则命题 ¬p 的陈述句为"今天没有出太阳"。显然,如果命题 p 的真值为真,则 ¬p 为假;如果命题 p 的真值为假,则 ¬p 为真。

例 1.5 将下列命题进行符号化处理:李明没有来。

解:首先可以看出"李明没有来"这个陈述句是一个复合命题,因为在这个命题当中包含"没"这个否定联结词。因此就可以假设除"没"之外的这个原子命题"李明来了"为小写字母 p,在其前面再加否定词 ¬,那么这个复合命题就可以符号化为 ¬p。

2. 合取联结词 ∧

定义 1.3 设 p、q 为任意两个命题,复合命题"p 并且 q"称作 p 与 q 的合取式,记作 $p \wedge q$,称符号 ∧ 为合取联结词。注意,只有 p、q 同时为真时,复合命题 $p \wedge q$ 才为真,其真值关系如表 1.2 所示。

表 1.2 p、q 与 $p \wedge q$ 的真值关系

p	q	$p \wedge q$
0	0	0
0	1	0
1	0	0
1	1	1

在自然语言中,将"1+1=2"和"太阳从东方升起"联结起来,变为"1+1=2 且太阳从东方升起"没有任何意义,因为"1+1=2"和"太阳从东方升起"二者之间没有关系,但在数理逻辑中,用合取联结词联结起来就是一个复合命题,而且是真命题。

在自然语言中,还可以用"并且""与""同时""以及""既……又……""不仅……而且……""虽然……但是……"等多种方式表达合取。

例 1.6 将命题"2 是偶数且明天是雨天"符号化。

分析:该命题是复合命题,分别由原子命题"2 是偶数。"和原子命题"明天是雨天。"构成。

解:设 p:2 是偶数,q:明天是雨天。则命题符号化为 $p \wedge q$。

3. 析取联结词 ∨

定义 1.4 设 p、q 为任意两个命题,复合命题"p 或者 q"称作 p 与 q 的析取式,记作 $p \vee q$,称符号 ∨ 为析取联结词。注意,只有 p、q 同时为假时,复合命题 $p \vee q$ 才为假,其真值关系如表 1.3 所示。

表 1.3 p、q 与 $p \vee q$ 的真值关系

p	q	$p \vee q$
0	0	0
0	1	1
1	0	1
1	1	1

从表 1.3 可以看出,联结词 ∨ 是可兼或,因为当命题 p 和 q 的真值都为真时,其值也为真。但自然语言中的"或"既可以是"排斥或",也可以是"可兼或"。

对于复合命题"p 或者 q",当 p 和 q 同时为真时,则复合命题"p 或者 q"为真;有时也

表达"不相容或",复合命题"p 或者 q"为真的情况就会包含两种情形,一种是 p 为真,q 为假;另一种是 p 为假,q 为真。

例 1.7　将命题"3 是奇数或者明天是晴天"符号化。

分析:该命题整体是复合命题构成,分别由原子命题"3 是偶数。"和原子命题"明天是晴天。"构成。

解:设 p：3 是奇数,q：明天是雨天。则命题符号化为 $p \lor q$。

例 1.8　讨论命题：李明生于 2001 年或者生于 2002 年。

解:该命题是复合命题,包含两种情形,一种是李明生于 2001 年就不能出生于 2002年;另一种是李明出生于 2002 年就不能出生于 2001 年。是一种排斥或。

由以上的例子可以看出,联结词 $\lor$ 和自然语言中的"或"的意义不完全相同。

在自然语言中,通常是在具有某种关系的两条语句之间使用析取"或"。但是在数理逻辑中,任何两个命题都可以通过析取联结词 $\lor$ 联结起来,得到一个新命题。

4. 蕴涵联结词→

定义 1.5　设 p、q 为任意两个命题,复合命题"如果 p,那么 q"称作 p 与 q 的蕴涵式,记作 $p \to q$,称符号→为蕴涵联结词,p 称为蕴涵的前件,q 称为蕴涵的后件。

$p \to q$ 的逻辑关系为 q 是 p 的必要条件。$p \to q$ 为假当且仅当 p 为真、q 为假。

命题 $p \to q$ 与命题 p、q 之间的真值关系如表 1.4 所示。

表 1.4　p、q 与 $p \to q$ 的真值关系

p	q	$p \to q$
0	0	1
0	1	1
1	0	0
1	1	1

例 1.9　将命题"如果 1+1=3,那么太阳就从西边升起"符号化,然后依据现有的认识判断该复合命题的取值。

分析:该命题整体是复合命题构成,由原子命题"1+1=3"和原子命题"太阳就从西边升起"构成。

解:设 p：1+1=3,q：太阳就从西边升起。

则命题符号化为 $p \to q$。

依据现有的认识,可判断 p 原子命题为假,q 原子命题也为假,依据表 1.4 第二行取值可得复合命题 $p \to q$ 为真。

蕴涵式的真值关系不太符合自然语言的习惯。在自然语言中,通常用"若……则……""因为……所以……""仅当""只有……才……""除非……才……""除非……"等表示蕴涵关系。

5. 等价联结词↔

定义 1.6　设 p、q 为任意两个命题,复合命题"p 当且仅当 q"称作 p 与 q 的等价,记

作 $p \leftrightarrow q$，称符号 $\leftrightarrow$ 为等价联结词。

$p \leftrightarrow q$ 的逻辑关系为 p 与 q 互为充要条件，$p \leftrightarrow q$ 为真当且仅当 p 与 q 同时为真或同时为假。命题 $p \leftrightarrow q$ 的命题 p、q 之间的真值关系如表 1.5 所示。

表 1.5　p、q 与 $p \leftrightarrow q$ 的真值关系

p	q	$p \leftrightarrow q$
0	0	1
0	1	0
1	0	0
1	1	1

例 1.10　符号化命题"我去看电影当且仅当我有时间"。

分析：该命题整体是复合命题构成，由原子命题"我去看电影"和原子命题"我有时间"构成。

解：设 p：我去看电影，q：我有时间。则命题符号化为 $p \leftrightarrow q$。

依据现有的认知讨论可能出现的情况。

等价联结词 $\leftrightarrow$ 也称为双条件联结词，"p 当且仅当 q"也称为 p 与 q 的双条件，与 $(p \to q) \wedge (q \to p)$ 的逻辑关系完全一样。

在自然语言中，用"当且仅当""充分必要"等表示等价。

与联结词 $\wedge$、$\vee$、$\to$ 一样，等价式 $p \leftrightarrow q$ 的构成也不要求命题 p 和命题 q 之间存在任何联系，它的真值仅仅与 p 和 q 的真值有关。

以上定义了 5 个基本且常用的联结词，它们组成了一个联结词集 $\{\neg, \wedge, \vee, \to, \leftrightarrow\}$，其中 $\neg$ 为一元联结词，其他为二元联结词。

使用多个联结词可以组成更复杂的复合命题，并可以使用圆括号()，圆括号必须成对出现，对这种复杂的命题求真值时，除了要依据表 1.1～表 1.5 所示的真值关系外，还要规定联结词的运算优先顺序为()、$\neg$、$\wedge$、$\vee$、$\to$、$\leftrightarrow$，同一优先级的运算按从左至右的顺序进行。

1.2　命题公式与分类

1.2.1　命题公式

命题公式是指用命题变项和逻辑联结词所联结的复合命题的构造形式。不包含任何联结词的命题称为原子命题，至少包含一个联结词的命题称为**复合命题**。

在给定一个陈述句后，可以将命题进行符号化，符号化之后有些命题的真假值就可以给出，取值为 1 或者为 0，这样的命题称为**命题常项**，即有确切的逻辑值。一个任意的没有赋予具体真值的命题为**命题变项**，命题变项没有确切的逻辑值。

在符号形式的命题中，原子命题的符号有的代表命题常项，有的代表命题变项，因此对应的命题符号串就不一定是命题了，我们称之为命题合式公式。合式公式会用到联结词集 $\{\neg, \wedge, \vee, \to, \leftrightarrow\}$，如公式 $(p \wedge q) \to q$、$p \vee q$ 等。下面给出合式公式的定义。

定义 1.7 命题合式公式又称为**命题公式**(简称公式),是如下递归定义的:

(1) 单个命题变项是一个合式公式,并简称为**原子命题公式**;

(2) 若 A 是合式公式,则 $\neg A$ 也是合式公式;

(3) 若 A 与 B 是合式公式,则 $A \wedge B$、$A \vee B$、$A \rightarrow B$、$A \leftrightarrow B$ 都是合式公式;

(4) 当且仅当有限次应用(1)、(2)、(3)所得到的包含命题变项、联结词和括号的符号串是合式公式。

定义 1.8 如果一个命题公式中含有 n 个不同的命题变项,则称其为 **n 元命题公式**。

如:$((p \wedge (q \vee r)) \rightarrow (q \wedge (\neg s \vee r)))$ 是四元命题公式,$(\neg p)$ 是一元命题公式。

在命题公式的构造过程中,可以按照如下原则减少公式中括号的数量:

(1) 约定最外层的括号可以省略,如 $(\neg p)$ 和 $(p \rightarrow q)$ 可以分别写为 $\neg p$ 和 $p \rightarrow q$;

(2) 规定 5 个联结词的优先次序为:$\neg$,$\wedge$,$\vee$,$\rightarrow$,$\leftrightarrow$;

(3) 同级的联结词,按其出现的先后次序从左到右。

为方便讨论命题公式的真值变化情况,在此引入公式层次的定义。

定义 1.9 (1) 若公式 A 是单个的命题变项,则称 A 为 0 层公式;

(2) 称 A 是 $n+1(n \geqslant 0)$ 层公式是指下面情况之一:

(a) $A = \neg B$,B 是 n 层公式;

(b) $A = B \wedge C$,其中 B、C 分别为 i 层和 j 层公式,且 $n = \max(i,j)$;

(c) $A = B \vee C$,其中 B、C 的层次及 n 同(b);

(d) $A = B \rightarrow C$,其中 B、C 的层次及 n 同(b);

(e) $A = B \leftrightarrow C$,其中 B、C 的层次及 n 同(b)。

(3) 若公式 A 的层次为 k,则称 A 是 k 层公式。

例如,公式 P 是 0 层公式,$\neg p$ 是 1 层公式,$\neg p \rightarrow q$ 是 2 层公式,$\neg(p \rightarrow q) \leftrightarrow r$ 是 3 层公式、$((\neg p \wedge q) \rightarrow r) \leftrightarrow (\neg r \vee s)$ 是 4 层公式。

判定公式的层次也可以通过目录树的形式进行判定,如 $(p \wedge (q \vee r)) \rightarrow (q \wedge (\neg s \vee r))$ 可以展开如下:

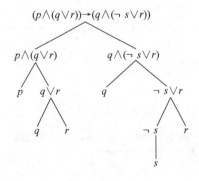

1.2.2 公式的赋值与分类

1. 公式的赋值

在命题公式中,由于命题变项的出现,因此真值一般是不确定的。在实际应用中,当一个复杂具体的命题符号化之后,接着就需要讨论复合命题的赋值情况,如公式$(p \wedge q) \rightarrow q$的取值情况,什么情况下该合式公式为真?什么情况下为假?

定义 1.10　设 A 是一个复合命题公式,其中包含变项 $p,q,r,\cdots$,那么给变项 $p,q,r,\cdots$ 各指定一个确定的真值,称为对于公式 A 的一个**赋值**或**解释**。若这一组赋值使公式 A 为真或者为 1,则称该赋值为公式 A 的**成真赋值**;若这一组赋值使得公式 A 为假或者为 0,则称该赋值为公式 A 的**成假赋值**。

例如在公式 $(p \wedge q) \rightarrow q$ 中,指定 p 为 1、q 为 0,则按照公式的运算顺序,先执行括号中的合取运算,$(p \wedge q)$ 为假或者为 0,接下来执行蕴涵运算即 $0 \rightarrow 0$,根据前面的蕴涵真值表可知最终的复合公式 $(p \wedge q) \rightarrow q$ 为真。同理还可以给其他组赋值,如 p 为 1、q 为 1 或者 p 为 0、q 为 1 或者 p 为 0、q 为 1。

由公式 $(p \wedge q) \rightarrow q$ 可知,含有 $n(n \geqslant 1)$ 个命题变项的命题公式,共有 2^n 组不同的赋值。为了研究方便,一般将命题公式 A 所有赋值的取值情况列表,用类似于联结词真值表的形式表示出来,称为公式 A 的**真值表**。

下面给出命题公式真值表的具体构造步骤:

(1) 给定一个公式 A,先要确定其包含的 n 个变项 $p,q,r,\cdots$,然后确定出赋值的所有情况,即 2^n 种。赋值时建议按照二进制数从小到大或从大到小的顺序进行赋值。

(2) 按从低到高的运算顺序写出各层次。

(3) 对应每个赋值,计算公式 A 各层次公式的真值,直到最后一个运算联结词执行完毕,可得公式 A 的真值。

例 1.11　求下列公式的真值表

(1) $A = (p \wedge q) \rightarrow q$。

解:公式 $A = (p \wedge q) \rightarrow q$ 的真值表如表 1.6 所示。

表 1.6　$A = (p \wedge q) \rightarrow q$ 的真值表

p	q	$p \wedge q$	$(p \wedge q) \rightarrow q$
0	0	0	1
0	1	0	1
1	0	0	1
1	1	1	1

(2) $B = q \wedge \neg (p \rightarrow q)$。

解:公式 $B = q \wedge \neg (p \rightarrow q)$ 的真值表如表 1.7 所示。

表 1.7　$B = q \wedge \neg (p \rightarrow q)$ 的真值表

p	q	$p \rightarrow q$	$\neg (p \rightarrow q)$	$q \wedge \neg (p \rightarrow q)$
0	0	1	0	0
0	1	1	0	0
1	0	0	1	0
1	1	1	0	0

（3）$C=(p \wedge q) \rightarrow r$。

解：公式 $C=(p \wedge q) \rightarrow r$ 的真值表如表 1.8 所示。

表 1.8　$C=(p \wedge q) \rightarrow r$ 的真值表

p	q	r	$(p \wedge q)$	$C=(p \wedge q) \rightarrow r$
0	0	0	0	1
0	0	1	0	1
0	1	0	0	1
0	1	1	0	1
1	0	0	0	1
1	0	1	0	1
1	1	0	1	0
1	1	1	1	1

通过例 1.11 可知有些公式所有的赋值都令该公式为真，如表 1.6 所示；有些公式所有的赋值都令该公式为假，如表 1.7 所示；有些公式的赋值令公式有真有假，如表 1.8 所示，除了 110 是成假赋值外，其余都是成真赋值。根据命题公式在各种赋值得取值情况，可将命题公式分为三类。

2. 公式的分类

定义 1.11　设 A 为一个命题公式。

（1）若 A 在它的所有赋值下取值均为真，则称 A 为重言式或永真式；

（2）若 A 在它的所有赋值下取值均为假，则称 A 为矛盾式或永假式；

（3）若 A 在它的所有赋值下取值至少有一个是成真赋值，则称 A 为可满足式。

从定义 1.11 可以看出重言式一定是可满足式，但反之不成立。

通过例 1.11 可知，真值表是判断公式类型的一种比较直观的方法，如公式 A 为重言式，公式 B 为矛盾式，公式 C 为可满足式。公式 A 中所有的四种赋值 00、01、10、11 都使 A 成真；公式 B 中所有的四种赋值 00、01、10、11 都使 B 为假；公式 C 中有七种赋值 000、001、010、011、100、101、111 均使 C 为真，有一种赋值 110 使 C 为假。

在数理逻辑和计算机推理及决策判断时，人们对于所研究的命题，最关心的是"真""假"问题，所以重言式和矛盾式在数理逻辑的研究中占有特殊且重要的地位，在推理时所引用的公理和定理都是重言式。因此，公式类型的判断也很重要。

判断公式类型的方法有很多，本节介绍的是用真值表判定公式的类型，即根据真值表的最后一列进行判断，若真值表的最后一列全为 1，则为重言式；若真值表的最后一列全为 0，则为矛盾式，若真值表的最后一列至少有 1 个为 1，则为可满足式。但当公式中命题变项较多时，真值表的方法计算量大，后面介绍其他的方法。

1.3　等 值 演 算

1.3.1　基本等值式

根据 1.1 节和 1.2 节给出的逻辑联结词的定义及公式的真值表,就可以得出命题公式的真值表。通过真值表,能够确定复合命题的真值。

因为每一个具体的命题都可能存在两种真值,所以,如果一个命题公式有 n 个命题变项,那么命题变项的指派就可能出现 2^n 种不同组合。现实中往往对于同一命题所用的陈述句描述不尽相同,这样符号化后的公式形式上就有差异,但表述逻辑本质不变。

例 1.12　用真值表分析公式 $A=\neg p \vee q$ 和 $B=\neg(p \wedge \neg q)$ 的真值情况,并分析 $A \leftrightarrow B$ 的公式类型。

解:公式 A、公式 B 及公式 $A \leftrightarrow B$ 的真值表如表 1.9 所示。

表 1.9　公式 A、公式 B 及公式 $A \leftrightarrow B$ 的真值表

p	q	$\neg p$	$\neg q$	$p \wedge \neg q$	$\neg p \vee q$	$\neg(p \wedge \neg q)$	$A \leftrightarrow B$
0	0	1	1	0	1	1	1
0	1	1	0	0	1	1	1
1	0	0	1	1	0	0	1
1	1	0	0	0	1	1	1

分析后发现公式 A、B 出现的变项相同,都包含 p、q 两个变项,因此公式 A 和 B 的赋值也包含相同的四种赋值。同时,对于公式 A 和公式 B 相同的赋值所对应的真值也相同。根据最后一列的真值,按照等价运算定义,可知公式 $A \leftrightarrow B$ 是重言式。

确定两个不同书写形式的公式是否具有完全相同的取值情况是一件有意义的事。可以说,如果两个不同书写形式的公式具有完全相同的取值情况,则这两个公式表示的逻辑关系是一样的。为了说明这种取值完全相同的公式之间的关联,下面引入等值式的定义。

定义 1.12　设 A、B 是两个命题公式,若对出现在 A 与 B 中的所有命题变项的任意组赋值,公式 A 和公式 B 的真值都相同,即等价公式 $A \leftrightarrow B$ 是重言式,则称 A 与 B 是**逻辑等价**或**逻辑等值**,记作 $A \Leftrightarrow B$。

注意 $\Leftrightarrow$ 与 $\leftrightarrow$ 两个符号的区别,$\leftrightarrow$ 是一种逻辑联结词,表示逻辑运算,$A \leftrightarrow B$ 的结果仍是一个命题公式;而逻辑等价 $\Leftrightarrow$ 则描述了两个公式 A 与 B 之间的一种逻辑关系,$A \Leftrightarrow B$ 表示命题公式 A 与命题公式 B 是逻辑等价的,$A \Leftrightarrow B$ 的结果不是命题公式。

例 1.13　用真值表判断公式 $A \leftrightarrow B \Leftrightarrow (A \rightarrow B) \wedge (B \rightarrow A)$ 是否等值。

解:由等值式的定义可知,判断 $A \leftrightarrow B \Leftrightarrow (A \rightarrow B) \wedge (B \rightarrow A)$ 是否等值,就是判断 $(A \leftrightarrow B) \leftrightarrow ((A \rightarrow B) \wedge (B \rightarrow A))$ 是否为重言式,该公式的真值表如表 1.10 所示。

表 1.10 $(A \leftrightarrow B) \leftrightarrow ((A \rightarrow B) \wedge (B \rightarrow A))$ 的真值表

A	B	$A \rightarrow B$	$B \rightarrow A$	$A \leftrightarrow B$	$(A \rightarrow B) \wedge (B \rightarrow A)$
1	1	1	1	1	1
1	0	0	1	0	0
0	1	1	0	0	0
0	0	1	1	1	1

判断两个命题公式是否等值,可应用真值表的方法,若 $A \leftrightarrow B$ 真值表最后一列的赋值都是 1,则 $A \leftrightarrow B$ 为永真式,即 A 与 B 等值。也可通过真值表公式 A、B 所在列的赋值是否对应相同来判定,如例 1.13 中公式 A、B 所对应列相同,也可说明公式 A 和公式 B 等值,否则就不等值。

通过观察,发现表 1.10 最后两列赋值相同时真值也相同,即公式 $(A \leftrightarrow B) \leftrightarrow ((A \rightarrow B) \wedge (B \rightarrow A))$ 是重言式,说明 $A \leftrightarrow B \Leftrightarrow (A \rightarrow B) \wedge (B \rightarrow A)$。

在等值式证明中,当变项比较少的时候,用真值表容易实现比较;当变项比较多的时候,用真值表就没有那么容易了。因此,需要引入一系列已经证明的等值式作为定律来运用,从而直接利用这些定律及一些规则进行公式的直接演算。

下面给出 24 个重要的等值式。

交换律 $A \vee B \Leftrightarrow B \vee A$

                       $A \wedge B \Leftrightarrow B \wedge A$

结合律 $(A \vee B) \vee C \Leftrightarrow A \vee (B \vee C)$

                       $(A \wedge B) \wedge C \Leftrightarrow A \wedge (B \wedge C)$

分配律 $A \vee (B \wedge C) \Leftrightarrow (A \vee B) \wedge (A \vee C)$

                       $A \wedge (B \vee C) \Leftrightarrow (A \wedge B) \vee (A \wedge C)$

双重否定律 $A \Leftrightarrow \neg(\neg A)$

幂等律 $A \Leftrightarrow A \vee A$

                       $A \Leftrightarrow A \wedge A$

吸收律 $A \vee (A \wedge B) \Leftrightarrow A$

                       $A \wedge (A \vee B) \Leftrightarrow A$

零律 $A \vee 1 \Leftrightarrow 1$

                       $A \wedge 0 \Leftrightarrow 0$

同一律 $A \vee 0 \Leftrightarrow A$

                       $A \wedge 1 \Leftrightarrow A$

排中律 $A \vee \neg A \Leftrightarrow 1$

矛盾律 $A \wedge \neg A \Leftrightarrow 0$

德摩根律 $\neg(A \vee B) \Leftrightarrow \neg A \wedge \neg B$

                       $\neg(A \wedge B) \Leftrightarrow \neg A \vee \neg B$

蕴涵等值式 $A \rightarrow B \Leftrightarrow \neg A \vee B$

等价等值式 $A \leftrightarrow B \Leftrightarrow (A \rightarrow B) \wedge (B \rightarrow A)$

假言易位	$A \to B \Leftrightarrow \neg B \to \neg A$
等价否定等值式	$A \leftrightarrow B \Leftrightarrow \neg A \leftrightarrow \neg B$
归谬论	$(A \to B) \wedge (A \to \neg B) \Leftrightarrow \neg A$

由于 A、B、C 可以代表任意的命题公式,因此称这样的逻辑等价式为命题定律。每个命题定律都给出了无穷多个同类型的、具体的逻辑等价式,它将成为命题推理理论中证明的依据。

这些已知公式的证明可以参照例 1.13 利用真值表的方式给出。有了这些公式,我们就可以利用等值式的左边替换右边或用右边替换左边来进行公式的处理,这些处理的过程其实就是公式的等值演算过程。下面具体讲述等值演算方法。

1.3.2 命题公式的等值演算

等值演算其实就是利用已知的等值式进行公式的推演过程。在演算的过程一般根据我们的需要来进行,基本应用中包含了等值公式的证明问题、公式类型的判定问题、公式的化简问题等。通常在应用过程中在使用以上等值式的过程中是基于置换规则定理进行的,下面给出置换规则定理:

定理 1.1(置换规则)　设 $\Gamma(A)$ 是含有公式 A 的命题公式,$\Gamma(B)$ 是用公式 B 置换了 $\Gamma(A)$ 中的 A 之后得到的命题公式,如果 $A \Leftrightarrow B$,则 $\Gamma(A) \Leftrightarrow \Gamma(B)$。

例 1.14　用等值演算法判断下列公式的类型。

(1) $q \wedge \neg(p \to q)$

解: $q \wedge \neg(p \to q)$

$\Leftrightarrow q \wedge \neg(\neg p \vee q)$　　　（蕴涵等值式）

$\Leftrightarrow q \wedge (p \wedge \neg q)$　　　（德摩根律）

$\Leftrightarrow p \wedge (q \wedge \neg q)$　　　（交换律,结合律）

$\Leftrightarrow p \wedge 0$　　　（矛盾律）

$\Leftrightarrow 0$　　　（零律）

由最后一步可知,该式为矛盾式。

(2) $(p \to q) \leftrightarrow (\neg q \to \neg p)$

解: $(p \to q) \leftrightarrow (\neg q \to \neg p)$

$\Leftrightarrow (\neg p \vee q) \leftrightarrow (q \vee \neg p)$（蕴涵等值式）

$\Leftrightarrow (\neg p \vee q) \leftrightarrow (\neg p \vee q)$（交换律）

$\Leftrightarrow 1$

由最后一步可知,该式为重言式。

(3) $((p \wedge q) \vee (p \wedge \neg q)) \wedge r$

解: $((p \wedge q) \vee (p \wedge \neg q)) \wedge r$

$\Leftrightarrow (p \wedge (q \vee \neg q)) \wedge r$　　　（分配律）

$\Leftrightarrow p \wedge 1 \wedge r$　　　（排中律）

$\Leftrightarrow p \wedge r$　　　（同一律）

该式既不是矛盾式,也不是重言式,而是非重言式的可满足式,如 101 是它的成真赋值,

000 是它的成假赋值。

例 1.15　求证 $p \to (q \to r) \Leftrightarrow (p \land q) \to r$。

证明：$p \to (q \to r)$

$\Leftrightarrow \neg p \lor (\neg q \lor r)$　　　（蕴涵等值式，置换规则）

$\Leftrightarrow (\neg p \lor \neg q) \lor r$　　　（结合律，置换规则）

$\Leftrightarrow \neg (p \land q) \lor r$　　　（德摩根律，置换规则）

$\Leftrightarrow (p \land q) \to r$　　　（蕴涵等值式，置换规则）

例 1.16　用两种不同形式符号化下列命题语句：如果天不下雨，我就不会迟到。

解：设 p：天下雨，q：我迟到。

（1）符号化：该句用"如果……就……"来表述，所以用蕴涵联结词，天不下雨为 $\neg p$，我不迟到为 $\neg q$，整个命题符号化为 $\neg p \to \neg q$。

（2）对（1）中的公式作等值演算处理

$\neg p \to \neg q$

$\Leftrightarrow \neg(\neg p) \lor (\neg q)$　　　（蕴涵等值式）

$\Leftrightarrow p \lor \neg q$　　　（双重否定律）

就可以得到第二种形式的符号化。

利用逻辑等值演算进行公式类型判断的基本思路是：通过等价置换将原公式化简为较简单的形式，如果和 1 逻辑等价，则原公式为重言式；如果和 0 逻辑等价，则原公式为矛盾式；如果不是以上两种形式，则也可以比较方便地判断公式的类型。

1.4　对偶与范式

1.4.1　对偶

由 1.3 节介绍的等价公式不难看出，$\land$ 与 $\lor$ 有一种相对应的关系，即对偶关系。关于析取与合取的等价常同时成立。而从德摩根律可以看出，析取与合取相互表达。

如德摩根律 $\neg(A \lor B) \Leftrightarrow \neg A \land \neg B$ 与 $\neg(A \land B) \Leftrightarrow \neg A \lor \neg B$，前一等式是 $\lor$ 与 $\land$ 的表达，后一等价式是 $\land$ 与 $\lor$ 的表达。如同"真"可以描述为"并非假"，"白天"可以描述为"并非黑夜"一样。下面给出对偶式的定义。

定义 1.13　若命题公式 A 中只出现联结词 $\neg$、$\land$、$\lor$，则称它是受限命题公式。

定义 1.14　在给定的仅含有 $\neg$、$\land$、$\lor$ 的受限命题公式 A 中，将联结词 $\land$、$\lor$、T 与 F 均相互取代，所得公式 A^* 称为 A 的对偶式。显然，A 也是 A^* 的对偶式。

例 1.17　试写出 $(\neg p \land q) \lor r$ 的对偶式。

解：显然将原式中的 $\land$、$\lor$ 相互取代，则 $(\neg p \lor q) \land r$ 为原公式的对偶式。同样，对于 $p \land q$ 与 $p \lor q$，$\neg p \land (q \lor r)$ 与 $\neg p \lor (q \land r)$ 等都是对偶式。

关于对偶有下面两个重要的定理。

定理 1.2　设 A 和 A^* 是对偶式，$p_1, p_2, p_3, \cdots, p_n$ 是出现于 A 和 A^* 中的所有原子变项，则有

$$\neg A(p_1,p_2,p_3,\cdots,p_n)\Leftrightarrow A^*(\neg p_1,\neg p_2,\neg p_3,\cdots,\neg p_n)$$

$$A(\neg p_1,\neg p_2,\neg p_3,\cdots,\neg p_n)\Leftrightarrow \neg A^*(p_1,p_2,p_3,\cdots,p_n)。$$

定理 1.2 可以用德摩根律进行证明。

证明：由德摩根律可知

$$\neg(A\vee B)\Leftrightarrow\neg A\wedge\neg B$$

$$\neg(A\wedge B)\Leftrightarrow\neg A\vee\neg B$$

则可得

$$\neg A(\neg p_1,\neg p_2,\neg p_3,\cdots,\neg p_n)\Leftrightarrow A^*(p_1,p_2,p_3,\cdots,p_n)$$

$$A(\neg p_1,\neg p_2,\neg p_3,\cdots,\neg p_n)\Leftrightarrow \neg A^*(p_1,p_2,p_3,\cdots,p_n)$$

定理 1.3（对偶原理） 设 $p_1,p_2,p_3,\cdots,p_n$ 是出现于 A 和 B 中的所有原子变项，若 $A\Leftrightarrow B$，则 $A^*\Leftrightarrow B^*$。

证明：因为 $A\Leftrightarrow B$，即 $A(p_1,p_2,p_3,\cdots,p_n)\leftrightarrow B(p_1,p_2,p_3,\cdots,p_n)$ 是重言式。所以 $A(\neg p_1,\neg p_2,\neg p_3,\cdots,\neg p_n)\leftrightarrow B(\neg p_1,\neg p_2,\neg p_3,\cdots,\neg p_n)$ 也是重言式。

即得

$$A(\neg p_1,\neg p_2,\neg p_3,\cdots,\neg p_n)\Leftrightarrow B(\neg p_1,\neg p_2,\neg p_3,\cdots,\neg p_n)$$

由定理 1.2 可得

$$\neg A^*(p_1,p_2,p_3,\cdots,p_n)\Leftrightarrow \neg B^*(p_1,p_2,p_3,\cdots,p_n)$$

因此 $A^*\Leftrightarrow B^*$。

利用真值表和对偶定理等可以化简或推证一些命题公式。同一个命题公式可以有各种各样相互等价的表达形式。为了将命题公式规范化，下面将讨论命题公式的范式定义及其求解方法。

1.4.2 析取范式与合取范式

已知可以用真值表或者等值演算法进行公式类型的判断，然而应用真值表法时，当变项很多的情况下，这个方法计算很复杂。如有 30 个变项时，其真值表的赋值达 2^{30} 种，此时如果用真值表求解非常麻烦。同样再用等值演算处理命题公式的时候，由于可用公式众多，所以不同的人在引用处理的过程中也会用不同的公式，导致过程不唯一。所以，如果一个命题有规范的式子作为处理目标的话，那就容易多了。

在讨论范式前，先介绍一些术语。

定义 1.15 命题常项、命题变项或命题变项的否定称为文字；文字或有限个文字的析取称为析取式（也称为子句）；文字或有限个文字的合取称为合取式（也称为短语）。

定义 1.16 一个命题公式称为合取范式，当且仅当它具有如下形式：

$$A_1\wedge A_2\wedge A_3\wedge\cdots\wedge A_n\quad(n\geqslant 1)$$

其中，$A_1,A_2,A_3,\cdots,A_n$ 均是由命题变项或其否定所组成的析取式。

定义 1.17 一个命题公式称为析取范式，当且仅当它具有如下形式：

$$A_1\vee A_2\vee A_3\vee\cdots\vee A_n\quad(n\geqslant 1)$$

其中，$A_1,A_2,A_3,\cdots,A_n$ 均是由命题变项或其否定所组成的合取式。

例 1.18　（1）p、$\neg p$ 是文字、析取范式、合取范式。

（2）$p \vee q \vee \neg r$ 是子句、析取范式、合取范式，$(p \vee q \vee \neg r)$ 仅是子句、合取范式。

（3）$\neg p \wedge q \wedge r$ 是短语、析取范式、合取范式，$(\neg p \wedge q \wedge r)$ 仅是短语、析取范式。

（4）$(p \wedge q) \vee (\neg p \wedge q)$ 是析取范式。

（5）$(p \vee q) \wedge (\neg p \vee q)$ 是合取范式。

（6）$p \vee (q \vee \neg r)$、$\neg(q \vee r)$ 既不是析取范式也不是合取范式。

通过合取范式和析取范式的定义可知，单个命题变项既是析取范式又是合取范式。如 p 为析取式。合取范式就是析取范式的合取；析取范式就是合取范式的析取。

注意：合取范式和析取范式中没有联结词 → 和 ↔，联结词 ¬ 只出现在原子命题前面。

一个合取范式为重言式，当且仅当它的每一个原子析合取式都是重言式；

一个析取范式为矛盾式，当且仅当它的每一个原子合取式都是矛盾式。

那么给定任何一个命题公式，是否都能求出与之等值的合取范式和析取范式呢？

定理 1.4（范式存在定理）　任意命题公式都存在着与之等值的析取范式，也都存在着与之等值的合取范式。

若公式中含有联结词 → 和 ↔ 等，可以用基本等值式及置换原则将联结词消去。

求范式的具体步骤如下。

（1）利用等价公式中的等价式和蕴涵式将公式中的 →、↔ 用联结词 ¬、∧、∨ 来取代。例如：

$$G \rightarrow H = \neg G \vee H$$

$$G \leftrightarrow H = (G \rightarrow H) \wedge (H \rightarrow G) = (\neg G \vee H) \wedge (\neg H \vee G)$$

（2）重复使用德摩根律将否定号移到各个命题变项的前端，并消去多余的否定号。例如：

$$\neg(\neg G) = G$$

$$\neg(G \vee H) = \neg G \wedge \neg H$$

$$\neg(G \wedge H) = \neg G \vee \neg H$$

（3）重复利用分配律，可将公式化成一些合取范式的析取或化成一些析取范式的合取。例如：

$$G \vee (H \wedge S) = (G \vee H) \wedge (G \vee S)$$

$$G \wedge (H \vee S) = (G \wedge H) \vee (G \wedge S)$$

例 1.19　判断下列公式是合取范式还是析取范式？

（1）$(p \vee q) \wedge r$。

（2）$(\neg p \vee q) \wedge (q \vee r)$。

（3）$(\neg p \wedge q) \vee (p \wedge q \wedge r)$。

（4）p。

解：（1）公式 $(p \vee q) \wedge r$ 是由 $(p \vee q)$ 这个析取范式和 r 这个析取范式构成的合取范式。

（2）公式 $(\neg p \vee q) \wedge (q \vee r)$ 是由 $(\neg p \vee q)$ 这个析取范式和 $(q \vee r)$ 这个析取范式构成的合取范式。

（3）公式 $(\neg p \wedge q) \vee (p \wedge q \wedge r)$ 是由 $(\neg p \wedge q)$ 这个合取范式和 $(p \wedge q \wedge r)$ 这个合取范式构成的析取范式。

（4）单个命题 p 既是合取范式又是析取范式。

例 1.20　用等值演算法求 $p \wedge (q \rightarrow r)$ 的合取范式与析取范式。

解：$p \wedge (q \rightarrow r) \Leftrightarrow p \wedge (\neg q \vee r)$　　　　（蕴涵等值式，合取范式）

$\Leftrightarrow (p \wedge \neg q) \vee (p \wedge r)$　　　　　　　（分配律，析取范式）

显然，对于任何命题公式都可以求出其合取范式或析取范式。一般通过以下三个步骤来进行求解。

（1）将公式中的 $\rightarrow$、$\leftrightarrow$ 联结词化为 $\neg$、$\wedge$、$\vee$。

（2）利用德摩根律将否定符号 $\neg$ 内移到各个命题变项之前。

（3）利用分配律、结合律将公式化简为合取范式或析取范式。

例 1.21　用等值演算法求 $p \rightarrow (q \rightarrow r)$ 的合取范式与析取范式。

解：$p \rightarrow (q \rightarrow r) \Leftrightarrow p \rightarrow (\neg q \vee r)$

$\Leftrightarrow \neg p \vee (\neg q \vee r)$

$\Leftrightarrow \neg p \vee \neg q \vee r$　　　　　　　　　　（合取范式，析取范式）

$\Leftrightarrow (\neg p \vee \neg q \vee r) \wedge (q \vee \neg q)$　　　　（合取范式）

$\Leftrightarrow (\neg p \vee \neg q \vee r) \vee (q \wedge \neg q)$

$\Leftrightarrow (\neg p \vee \neg q \vee r \vee q) \wedge (\neg p \vee \neg q \vee r)$　（合取范式）

通过例 1.21 可知，命题公式的合取范式和析取范式不唯一。如 $\neg p \vee \neg q \vee r$ 既是合取范式又是析取范式，而 $(\neg p \vee \neg q \vee r) \wedge (q \vee \neg q)$、$(\neg p \vee \neg q \vee r \vee q) \wedge (\neg p \vee \neg q \vee r)$ 都是合取范式。同理，也可对其进行等值演算处理，得到不同的析取范式。

因此，为了使任意一个命题公式都可以化成唯一的等价命题的标准形式，下面我们将介绍主析取范式和主合取范式。

1.4.3　主范式

定义 1.18　n 个命题变项或其否定形式的合取范式，称为布尔合取或者极小项，其中每个变项与其否定形式不能同时存在，但两者必须出现且仅出现一次。

例如，若复合命题公式中仅含有两个命题变项 p 和 q，则 $p \wedge q$、$p \wedge \neg q$、$\neg p \wedge q$、$\neg p \wedge \neg q$ 等都是它的极小项，而 $p \wedge q \wedge \neg q$、$\neg p \wedge q \wedge p$、p 等就不是极小项。

由定义 1.18 可知极小项具有以下性质。

（1）任意两个不同的极小项是不等价的，且在 2^n 个解释编码中有且仅有一个解释使该极小项的真值为 1。因此，可以给极小项编码，使极小项真值为 1 的那组解释为对应的极小项编码。例如，对于极小项 $p \wedge \neg q \wedge r$，只有在 p、q、r 分别为 1、0、1 时值才为 1，如果将解释中的 0、1 看成二进制数，那么每一个解释对应于一个二进制数。如果使极小项成真的解释对应的二进制数的十进制值为 i，则该极小项记为 m_i。一般地，n 个命题变项的极小项为 $m_0, m_1, m_2, \cdots, m_{2^n-1}$。

（2）由于任意一个极小项只有一个解释使该极小项取值为 1，因此任意两个不同极小项的合取必为 0。

（3）所有极小项的析取必为 1。

p、q 两个命题变项的极小项真值表如表 1.11 所示。

表 1.11　p、q 两个命题变项的极小项真值表

p	q	极小项	m 的下标值	m_i 形式
0	0	$\neg p \wedge \neg q$	0	m_0
0	1	$\neg p \wedge q$	1	m_1
1	0	$p \wedge \neg q$	2	m_2
1	1	$p \wedge q$	3	m_3

例 1.22　写出 3 个命题变项 p、q、r 的所有极小项。

解：p、q、r 的所有极小项为 $m_0, m_1, m_2, \cdots, m_7$，如表 1.12 所示。

表 1.12　p、q、r 3 个命题变项的极小项真值表

p	q	r	极小项	m 的下标值	m_i 形式
0	0	0	$\neg p \wedge \neg q \wedge \neg r$	0	m_0
0	0	1	$\neg p \wedge \neg q \wedge r$	1	m_1
0	1	0	$\neg p \wedge q \wedge \neg r$	2	m_2
0	1	1	$\neg p \wedge q \wedge r$	3	m_3
1	0	0	$p \wedge \neg q \wedge \neg r$	4	m_4
1	0	1	$p \wedge \neg q \wedge r$	5	m_5
1	1	0	$p \wedge q \wedge \neg r$	6	m_6
1	1	1	$p \wedge q \wedge r$	7	m_7

下面给出主析取范式的定义。

定义 1.19　对于给定的命题公式，若有一个等价公式仅由极小项的析取组成，则称该等价公式为原命题公式的主析取范式。

定理 1.5　任何命题公式的主析取范式都存在且唯一。

注意：求取命题公式的主析取范式除了可以运用真值表法外，还可以通过等值演算法求得。

用等值演算法求解主析取范式的步骤如下。

（1）首先将公式化为析取范式。

（2）除去析取范式中永假的析取项，并将析取范式中重复出现的合取项和相同的变项合并。

（3）对于不是极小项的合取范式，补入没有出现的命题变项，即通过合取添加哑元（$p \vee \neg p$）进行构造，再用分配律展开公式。

（4）按从小到大的顺序写成带下标的 m 形式的析取范式或者 $\Sigma()$ 形式的析取范式。

例 1.23　用等值演算法求公式 $(p \wedge q) \vee (q \wedge r)$ 的主析取范式。

解：$(p \wedge q) \vee (q \wedge r)$

$\Leftrightarrow ((p \wedge q) \wedge (r \vee \neg r)) \vee ((p \vee \neg p) \wedge (q \wedge r))$　　　　　（补入变项哑元）

$\Leftrightarrow (p \wedge q \wedge r) \vee (p \wedge q \wedge \neg r) \vee (p \wedge q \wedge r) \vee (\neg p \wedge q \wedge r)$　（分配律）

$\Leftrightarrow (p \wedge q \wedge r) \vee (p \wedge q \wedge \neg r) \vee (\neg p \wedge q \wedge r)$　　　　（合并重复极小项）

$\Leftrightarrow m_3 \vee m_6 \vee m_7$　　　　　　　　　　　　　　　（写成带下标的小 m 形式）

$\Leftrightarrow \Sigma(3,6,7)$　　　　　　　　　　　　　　　　　　（$\Sigma()$ 的形式）

例 1.24　用真值表求 $p \to (q \to r)$ 的主析取范式。

解：公式 $p \to (q \to r)$ 的真值表如表 1.13 所示。

表 1.13　公式 $p \to (q \to r)$ 的真值表

p	q	r	$q \to r$	$p \to (q \to r)$	极小项	m 的下标值	m_i 形式
0	0	0	1	1	$\neg p \wedge \neg q \wedge \neg r$	0	m_0
0	0	1	1	1	$\neg p \wedge \neg q \wedge r$	1	m_1
0	1	0	0	1	$\neg p \wedge q \wedge \neg r$	2	m_2
0	1	1	1	1	$\neg p \wedge q \wedge r$	3	m_3
1	0	0	1	1	$p \wedge \neg q \wedge \neg r$	4	m_4
1	0	1	1	1	$p \wedge \neg q \wedge r$	5	m_5
1	1	0	0	0	$\neg p \vee \neg q \vee r$	6	m_6
1	1	1	1	1	$p \wedge q \wedge r$	7	m_7

通过真值表可知凡是令公式 $p \to (q \to r)$ 为真的赋值对应的就是极小项。因为 110 赋值使公式 $p \to (q \to r)$ 为假，所以没有极小项 $(p \wedge q \wedge \neg r)$，其他极小项都已出现，因此公式 $p \to (q \to r)$ 的主析取范式为

$$p \to (q \to r) \Leftrightarrow (\neg p \wedge \neg q \wedge \neg r) \vee (\neg p \wedge \neg q \wedge r) \vee (\neg p \wedge q \wedge \neg r) \vee$$
$$(\neg p \wedge q \wedge r) \vee (p \wedge \neg q \wedge \neg r) \vee (p \wedge \neg q \wedge r) \vee (p \wedge q \wedge r)$$
$$\Leftrightarrow m_0 \vee m_1 \vee m_2 \vee m_3 \vee m_4 \vee m_5 \vee m_7$$
$$\Leftrightarrow \Sigma(0,1,2,3,4,5,7)$$

定义 1.20　n 个命题变项或其否定形式的析取范式，称为布尔析取或者极大项，其中每个变项与其否定形式不能同时存在，但两者必须出现且仅出现一次。

例如，若复合命题公式中仅含有两个命题变项 p 和 q，则 $p \vee q$、$p \vee \neg q$、$\neg p \vee q$、$\neg p \vee \neg q$ 等都是它的极大项，而 $p \vee q \vee \neg q$、$\neg p \vee q \vee p$、p 等就不是极大项。

由定义 1.20 可知极大项具有以下性质。

(1) 任意两个不同的极大项是不等价的，且在 2^n 个解释编码中有且仅有一个解释使该极大项的真值为 0。因此，可以给极大项编码，使极大项真值为 0 的那组解释为对应的极大项编码。例如，对于极大项 $p \vee \neg q \vee r$，只有在 p、q、r 分别为 0、1、0 时才为 0，如果将解释中的 0、1 看成二进制数，那么每一个解释对应于一个二进制数。如果使极大项成假的解释对应的二进制数的十进制值为 i，则该极大项记为 M_i。一般地，n 个命题变项的极大项为 $M_0, M_1, M_2, \cdots, M_{2^n-1}$。

(2) 由于任意一个极大项只有一个解释使该极大项取值为 0，所以，任意两个不同极大项的析取必为 1。

(3) 所有极大项的合取必为 0。

p、q 两个命题变项的极大项真值表如表 1.14 所示。

表 1.14　p、q 两个命题变项的极大项真值表

p	q	极大项	M 的下标值	M_i 形式
0	0	$p \lor q$	0	M_0
0	1	$p \lor \neg q$	1	M_1
1	0	$\neg p \lor q$	2	M_2
1	1	$\neg p \lor \neg q$	3	M_3

例 1.25　写出 3 个命题变项 p、q、r 的所有极大项。

解：p、q、r 的所有极大项为 M_0，M_1，M_2，$\cdots$，M_7，如表 1.15 所示。

表 1.15　p、q、r 3 个命题变项的极大项真值表

p	q	r	极大项	M 的下标值	M_i 形式
0	0	0	$p \lor q \lor r$	0	M_0
0	0	1	$p \lor q \lor \neg r$	1	M_1
0	1	0	$p \lor \neg q \lor r$	2	M_2
0	1	1	$p \lor \neg q \lor \neg r$	3	M_3
1	0	0	$\neg p \lor q \lor r$	4	M_4
1	0	1	$\neg p \lor q \lor \neg r$	5	M_5
1	1	0	$\neg p \lor \neg q \lor r$	6	M_6
1	1	1	$\neg p \lor \neg q \lor \neg r$	7	M_7

下面给出主合取范式的定义。

定义 1.21　对于给定的命题公式,若有一个等价公式仅由极大项的合取组成,则称该等价公式为原命题公式的主合取范式。

定理 1.6　极小项和极大项之间存在下面的关系：

$$\neg m_i \Leftrightarrow M_i$$

$$\neg M_i \Leftrightarrow m_i$$

用等值演算法求任意命题公式 A 的主合取范式与求主析取范式一样,只是在第(3)步中应加入 $p \land \neg p$ 为析取中的一个析取项,然后利用分配律等进行处理,最后一步可以写为 $\Pi(.)$ 的形式,其他步骤都一样。

例 1.26　用等值演算法求公式 $(p \land q) \lor (q \land r)$ 的主合取范式。

解：$(p \land q) \lor (q \land r) \Leftrightarrow (p \lor r) \land q$　　　　　　　　　（先化为合取范式）

$\Leftrightarrow (p \lor r \lor (q \land \neg q)) \land ((p \land \neg p) \lor q \lor (r \land \neg r))$（补入变项哑元）

$\Leftrightarrow (p \lor r \lor q) \land (p \lor r \lor \neg q) \land (p \lor q \lor r) \land (p \lor q \lor \neg r) \land (\neg p \lor q \lor r) \land (\neg p \lor q \lor \neg r)$

　　　　　　　　　　　　　　　　　　　　　　　　（分配律）

$\Leftrightarrow (p \lor q \lor r) \land (p \lor q \lor \neg r) \land (p \lor \neg q \lor r) \land (\neg p \lor q \lor r) \land (\neg p \lor q \lor \neg r)$

　　　　　　　　　　　　　　　　　　　　　　　　（合并重复极大项）

$\Leftrightarrow M_0 \land M_1 \land M_2 \land M_4 \land M_5$　　　　　　　　（写成带下标的 M 形式）

$\Leftrightarrow \Pi(0,1,2,4,5)$　　　　　　　　　　　　　　（$\Pi(.)$ 的形式）

例 1.27 用真值表求 $p \rightarrow (q \rightarrow r)$ 的主合取范式。

解：公式 $p \rightarrow (q \rightarrow r)$ 极小项/极大项真值表如表 1.16 所示。

表 1.16 公式 $p \rightarrow (q \rightarrow r)$ 极小项/极大项真值表

p	q	r	$q \rightarrow r$	$p \rightarrow (q \rightarrow r)$	极小项/极大项	m/M 的下标值	m_i/M_i 形式
0	0	0	1	1	$\neg p \wedge \neg q \wedge \neg r$	0	m_0
0	0	1	1	1	$\neg p \wedge \neg q \wedge r$	1	m_1
0	1	0	0	1	$\neg p \wedge q \wedge \neg r$	2	m_2
0	1	1	1	1	$\neg p \wedge q \wedge r$	3	m_3
1	0	0	1	1	$p \wedge \neg q \wedge \neg r$	4	m_4
1	0	1	1	1	$p \wedge \neg q \wedge r$	5	m_5
1	1	0	0	0	$\neg p \vee \neg q \vee r$	6	m_6
1	1	1	1	1	$p \wedge q \wedge r$	7	m_7

通过真值表可知,令公式 $p \rightarrow (q \rightarrow r)$ 为假的赋值对应的就是极大项,则 $p \rightarrow (q \rightarrow r)$ 的主合取范式为

$$p \rightarrow (q \rightarrow r) \Leftrightarrow \neg p \vee \neg q \vee r \Leftrightarrow M_6 \Leftrightarrow \Pi(6)$$

1.4.4 主范式的应用

现实生活中主范式的应用还是非常广的,总的来说主要集中在以下几个方面。

(1) 判断给定的两命题公式是否等值。因为任何命题公式的主析取范式或者主合取范式都存在并且唯一,所以可用求是否有相同的主析取范式或主合取范式来判断命题公式是否等值。

(2) 判断命题公式的类型。设 A 是含 n 个命题变项的命题公式,若 A 为重言式,当且仅当 A 的主析取范式中含有全部 2^n 个极小项,则主合取范式为 1；若 A 为矛盾式,当且仅当 A 的主合取范式中包含有全部 2^n 个极大项,则主析取范式为 0。当然,若 A 中包含部分极小项或者极大项,则该公式为可满足式。

(3) 求公式的成真赋值或者成假赋值。若 A 是一个含有 n 个变项的命题公式,则 A 的主析取范式的下标所对应的 n 位二进制数都是命题公式 A 的成真赋值,而其余的 n 位二进制数都是公式 A 的成假赋值。可参照例 1.22 的真值表。

下面我们将给出一个综合的例子。

例 1.28 某单位要从员工赵、钱、孙、李、周中选派几人出国深造学习。选派必须满足以下条件。

(1) 若赵去,钱也去；

(2) 李、周两人中至少有一人去；

(3) 钱、孙两人中有一人去且仅去一人；

(4) 孙、李两人同去或同不去；

(5) 若周去,则赵、钱也去。

试用主析取范式法分析该公司如何选派他们出国深造学习。

分析：解此类问题的步骤为：

① 将简单命题符号化。

② 写出各复合命题。

③ 写出由②中复合命题组成的合取范式。

④ 求③中所得公式的主析取范式。

解：① 设 p：派赵去，q：派钱去，r：派孙去，s：派李去，u：派周去

② 写出 (1)～(5) 复合命题。

$(p \rightarrow q)$、$(s \vee u)$、$((q \wedge \neg r) \vee (\neg q \wedge r))$、$((r \wedge s) \vee (\neg r \wedge \neg s))$、$(u \rightarrow (p \wedge q))$

③ 构成的合取范式为

$A = (p \rightarrow q) \wedge (s \vee u) \wedge ((q \wedge \neg r) \vee (\neg q \wedge r)) \wedge ((r \wedge s) \vee (\neg r \wedge \neg s)) \wedge (u \rightarrow (p \wedge q))$

利用等值演算法求公式 A 的主析取范式即可解决问题，则原公式为

$A \Leftrightarrow (\neg p \vee q) \wedge ((q \wedge \neg r) \vee (\neg q \wedge r)) \wedge (s \vee u) \wedge (\neg u \vee (p \wedge q)) \wedge ((r \wedge s) \vee (\neg r \wedge \neg s))$

（交换律）

$B_1 = (\neg p \vee q) \wedge ((q \wedge \neg r) \vee (\neg q \wedge r)) \Leftrightarrow ((\neg p \wedge q \wedge \neg r) \vee (\neg p \wedge \neg q \wedge r) \vee (q \wedge \neg r))$

（分配律）

$B_2 = (s \vee u) \wedge (\neg u \vee (p \wedge q)) \Leftrightarrow ((s \wedge \neg u) \vee (p \wedge q \wedge s) \vee (p \wedge q \wedge u))$ （分配律）

$B_1 \wedge B_2 \Leftrightarrow (\neg p \wedge q \wedge \neg r \wedge s \wedge \neg u) \vee (\neg p \wedge \neg q \wedge r \wedge s \wedge \neg u) \vee (q \wedge \neg r \wedge s \wedge \neg u) \vee (p \wedge q \wedge \neg r \wedge s) \vee (p \wedge q \wedge \neg r \wedge u)$

再令 $B_3 = ((r \wedge s) \vee (\neg r \wedge \neg s))$，得 $A \Leftrightarrow B_1 \wedge B_2 \wedge B_3 \Leftrightarrow (\neg p \wedge \neg q \wedge r \wedge s \wedge \neg u) \vee (p \wedge q \wedge \neg r \wedge \neg s \wedge u)$

④ $A \Leftrightarrow (\neg p \wedge \neg q \wedge r \wedge s \wedge \neg u) \vee (p \wedge q \wedge \neg r \wedge \neg s \wedge u)$

结论：由④可知，A 的成真赋值为 00110 与 11001，因而派孙、李去（赵、钱、周不去）或派赵、钱、周去（孙、李不去）。

1.5 推 理 理 论

1.5.1 命题的蕴涵关系

推理就是从已知前提演绎结论的思维过程，前提是已知的命题公式，结论是从已知前提出发应用推理规则得到的命题公式（当然有些结论不一定能演绎到）。从某些给定的前提出发，按照严格定义的形式规则，推出有效的结论，这样的过程称为形式证明或者演绎证明。

定义 1.22 设 A 和 C 是两个命题公式，当且仅当 $A \rightarrow C$ 为重言式，则 $A \Rightarrow C$，称 C 是 A 的有效结论，或 C 可由 A 逻辑地推出。

$A \Rightarrow C$ 也称为 A 与 C 的蕴涵关系。$A \Rightarrow C$ 成立当且仅当 $A \rightarrow C$ 是重言式，这与前面讲过的等值与等价的关系类似。

此定义可以推广到有 m 个前提的情况。

设 $H_1,H_2,\cdots,H_m,C$ 是命题公式当且仅当 $H\wedge_1 H_2\wedge\cdots\wedge H_m\Rightarrow C$,则称 C 是一组前提 $H_1,H_2,\cdots,H_m$ 的有效结论。

所以,判断 $A\Rightarrow C$,就是判断 $A\rightarrow C$ 是重言式。可用的方法就比较多,如真值表法、等值演算法、求主析取范式法(所有的极小项都出现)都是可用的方法。

例 1.29 判断下面推理是否有效。

如果今天下暴雨,李铭就不去上学。今天下暴雨。所以李铭没有去上学。

解:为判断这种推理的有效性,首先将推理的前提和结论符号化,写出前提和结论的形式结构,然后判断该形式结构是否为永真式。

设 p:今天下暴雨,q:李铭去上学。

推理两种结构:

(1) 构造法结构。

前提:$p\rightarrow\neg q,p$

结论:$\neg q$

(2) 形式化结构。

$(p\rightarrow\neg q)\wedge p\Rightarrow\neg q$ 就是要证明公式 $(p\rightarrow\neg q)\wedge p\rightarrow\neg q$ 是重言式。

接下来就运用前面已经学过的真值表法、等值演算法及求主析取范式基于第二种形式进行证明。第一种形式构造法的证明后面重点讲述。

证明方法如下。

(1) 真值表法。

公式 $(p\rightarrow\neg q)\wedge p\rightarrow\neg q$ 的真值表如表 1.17 所示。

表 1.17 公式 $(p\rightarrow\neg q)\wedge p\rightarrow\neg q$ 的真值表

p	q	$\neg q$	$p\rightarrow\neg q$	$(p\rightarrow\neg q)\wedge p$	$(p\rightarrow\neg q)\wedge p\rightarrow\neg q$
1	1	0	0	0	1
1	0	1	1	1	1
0	1	0	1	0	1
0	0	1	1	0	1

由真值表最后一列可以看出,所有的赋值都可使公式 $(p\rightarrow\neg q)\wedge p\rightarrow\neg q$ 为真,即该公式为重言式,所以推理有效。

(2) 等值演算法。

$((p\rightarrow\neg q)\wedge p)\rightarrow\neg q$

$\Leftrightarrow((\neg p\vee\neg q)\wedge p)\rightarrow\neg q$

$\Leftrightarrow\neg((\neg p\vee\neg q)\wedge p)\vee\neg q$

$\Leftrightarrow((p\wedge q)\vee\neg p)\vee\neg q$

$\Leftrightarrow((p\vee\neg p)\wedge(q\vee\neg p))\vee\neg q$

$\Leftrightarrow(p\vee\neg p\vee\rightarrow q)\wedge(q\vee\rightarrow p\vee\neg q)$

$\Leftrightarrow 1\wedge 1$

$\Leftrightarrow 1$

即公式$((p\rightarrow\neg q)\wedge p)\rightarrow\neg q$为重言式,推理有效。

（3）主析取范式法。

$((p\rightarrow\neg q)\wedge p)\rightarrow\neg q$

$\Leftrightarrow((\neg p\vee\neg q)\wedge p)\rightarrow\neg q$

$\Leftrightarrow\neg((\neg p\vee\neg q)\wedge p)\vee\neg q$

$\Leftrightarrow((p\wedge q)\vee\neg p)\vee\neg q$

$\Leftrightarrow((p\wedge q)\vee(\neg p\wedge(q\vee\neg q))\vee(\neg q\wedge(p\vee\neg p))$

$\Leftrightarrow(p\wedge q)\vee(\neg p\wedge q)\vee(\neg p\wedge\neg q)\vee(p\wedge\neg q)\vee(\neg q\wedge\neg p)$

$\Leftrightarrow m_0\vee m_1\vee m_2\vee m_3$

该公式所有的极小项都出现,所以为重言式,故推理有效。

1.5.2 构造推理的形式证明

前面提到关于推理的证明可以符号化为两种形式的推理证明,一种就是形式化的证明,简言之就是证明$A\rightarrow C$是重言式的形式,当变项较少时,可选的方法有真值表法、等值演算法以及求主析取范式法,但是当变项较多的时候就没有那么容易了。因此就有了第二种结构——构造法。也就是根据已知前提运用已知的一些的重言蕴涵式演绎到结论上。

下面给出推理中常用的推理规则。

（1）P规则（前提引入规则）：可以在证明的任何时候引入前提。

（2）T规则（结论引入规则）：在证明的任何时候,已证明的结论都可以作为后续证明的前提。

（3）CP规则（也称条件证明引入规则）：若推出有效结论为条件式$p\rightarrow q$时,只需将其前件p加入前提中作为附加前提,再推出后件q。

CP规则的正确性可由下面的定理得到保证。

定理1.7 若$(H_1\wedge H_2\wedge\cdots\wedge H_m\wedge A)\Rightarrow C$,则$(H_1\wedge H_2\wedge\cdots\wedge H_m)\Rightarrow A\rightarrow C$。

证明：$(H_1\wedge H_2\wedge\cdots\wedge H_m)\rightarrow(A\rightarrow C)$

$\Leftrightarrow\neg(H_1\wedge H_2\wedge\cdots\wedge H_m)\vee(\neg A\vee C)$

$\Leftrightarrow\neg(H_1\wedge H_2\wedge\cdots\wedge H_m\wedge A)\vee C$

$\Leftrightarrow(H_1\wedge H_2\wedge\cdots\wedge H_m\wedge A)\rightarrow C$

故得证。

在推理过程中,除使用推理规则外,还需要使用很多定律,这些定律可以由前面讲过的命题定律、蕴涵式等得到。下面给出一些由蕴涵式得出的推理定律,它们是：

（1）$A\Rightarrow A\vee B$ 附加

       $B\Rightarrow A\vee B$ 附加

（2）$A\wedge B\Rightarrow A$ 化简

       $A\wedge B\Rightarrow B$ 化简

（3）$((A\rightarrow B)\wedge A)\Rightarrow B$ 假言推理

（4）$((A\rightarrow B)\wedge\neg B)\Rightarrow\neg A$ 拒取式

(5) $(A \lor B) \land \neg A \Rightarrow B$　　　　　　　析取三段论

(6) $(A \to B) \land (B \to C) \Rightarrow A \to C$　　　假言三段论

(7) $((A \leftrightarrow B) \land (B \leftrightarrow C)) \Rightarrow (A \leftrightarrow C)$　　等价三段论

(8) $(A \to B) \land (C \to D) \land (A \lor C) \Rightarrow (B \lor D)$构造性二难

基于以上的重言蕴涵式,对于构造法结构的证明主要有以下三种证明办法,下面通过举例说明。

第一种证明方法是直接证明法,就是利用已知前提及已知重言蕴涵式直接演绎到结论上。

例 1.30　构造下面推理的证明。

若明天是星期一或星期三,我就有课。若有课,今天必备课。我今天下午没备课。所以,明天不是星期一和星期三。

证明:设 p:明天是星期一,q:明天是星期三,r:我有课,s:我备课。

符号化后的构造法形式如下。

前提: $(p \lor q) \to r, r \to s, \neg s$

结论: $\neg p \land \neg q$

(1) $r \to s$　　　　　　　　　　前提引入

(2) $\neg s$　　　　　　　　　　　前提引入

(3) $\neg r$　　　　　　　　　　　(1)(2)拒取式

(4) $(p \lor q) \to r$　　　　　　前提引入

(5) $\neg(p \lor \neg q)$　　　　　　(3)(4)拒取式

(6) $\neg p \land \neg q$　　　　　　　(5)置换

第二种证明方法就是附加前提证明方法,需将其前件 p 加入到前提中作为附加前提,再去推出后件 q 即可。

例 1.31　用附加前提证明法进行推理证明。

前提: $p \to q \lor r, q \to \neg p, s \to \neg r$

结论: $p \to \neg s$

证明:

(1) p　　　　　　　　　　　　附加前提引入

(2) $p \to q \lor r$　　　　　　　前提引入

(3) $q \lor r$　　　　　　　　　　(1)(2)假言推理

(4) $q \to \neg p$　　　　　　　　前提引入

(5) $\neg q$　　　　　　　　　　　(1)(4)拒取式

(6) r　　　　　　　　　　　　　(3)(5)析取三段论

(7) $s \to \neg r$　　　　　　　　前提引入

(8) $\neg s$　　　　　　　　　　　(6)(7)拒取式

(9) $p \to \neg s$　　　　　　　　(1)(8)CP

定理 1.8　设 $H_1, H_2, \cdots, H_m$ 是 m 个命题公式,如果 $H_1 \land H_2 \land \cdots \land H_m$ 是可满足式,则称 $H_1, H_2, \cdots, H_m$ 是相容的,否则(即 $H_1, H_2, \cdots, H_m$ 是矛盾式)称 $H_1, H_2, \cdots,$

H_m 是不相容的。利用不相容的概念,可以给出一种推导过程,这个过程称为矛盾证法或归谬法,也常称为反证法。

证明:可以将 $\neg A$ 加入前提,若推出矛盾,则得推理正确。

$$H_1 \wedge H_2 \wedge \cdots \wedge H_m \to A$$
$$\Leftrightarrow \neg(H_1 \wedge H_2 \wedge \cdots \wedge H_m) \vee A$$
$$\Leftrightarrow \neg(H_1 \wedge H_2 \wedge \cdots \wedge H_m \wedge \neg A)$$

括号内部矛盾当且仅当 $H_1 \wedge H_2 \wedge \cdots \wedge H_m A$ 为重言式。

第三种证明方法就是归谬法(反证法)。

例 1.32　用反证法证明如下推理。

前提:$\neg(p \wedge q) \vee r, r \to s, \neg s, p$。

结论:$\neg q$。

证明:(反证法)

(1) q	结论否定引入
(2) $r \to s$	前提引入
(3) $\neg s$	前提引入
(4) $\neg r$	(2)(3)拒取式
(5) $\neg(p \wedge q) \vee r$	前提引入
(6) $\neg(p \wedge q)$	(4)(5)析取三段论
(7) $\neg p \vee \neg q$	(6)置换
(8) $\neg p$	(1)(7)析取三段论
(9) p	前提引入
(10) $\neg p \wedge p$	(8)(9)合取

最后推出矛盾,则原结论有效。

1.5.3　推理规则

形式证明的推理过程就是一个命题序列,其中每一命题或者是已知命题,或者是由某些前提根据推理规则推出的结论,序列的最后一个命题是需要论证的结论。

当前提和结论都是比较复杂的命题公式或包含很多命题变项时,直接按照定义进行推理将会变得比较复杂,因此要寻求更有效的推理方法。在数理逻辑中,从前提推导出结论,可以使用以下公认的推理规则。

① 前提引入规则:在证明的任何步骤中,都可以引入前提。

② 结论引入规则:在证明的任何步骤中,在此之前证明得到的结论都可以作为后续证明的前提引入。

③ 置换规则:在证明的任何步骤中,命题公式中的任何子公式都可以用与之等值的命题公式置换,即进行等值替换。

④ 在证明的任何步骤中,重言式的任何一个命题变项都可以用一个命题公式代入,得

到的仍是重言式。

⑤ 附加规则：$A \Rightarrow A \vee B$

⑥ 化简规则：$A \wedge B \Rightarrow A$

化简规则：$A \wedge B \Rightarrow B$

⑦ 合取规则：$A, B \Rightarrow A \wedge B$

⑧ 假言推理规则：$((A \rightarrow B), A) \Rightarrow B$

⑨ 拒取式规则：$((A \rightarrow B), \neg B) \Rightarrow \neg A$

⑩ 析取三段论规则：$(A \vee B), \neg A \Rightarrow B$

⑪ 假言三段论规则：$(A \rightarrow B), (B \rightarrow C) \Rightarrow A \rightarrow C$

⑫ 构造性二难规则：$(A \rightarrow B), (C \rightarrow D), (A \vee C) \Rightarrow B \vee D$

⑬ CP 规则：见附加前提证明的形式。

例 1.33 用构造法进行下面推理的证明。

为了迎接北京冬奥会的胜利召开,学校组织 4 支足球队进行了比赛,已知情况如下,问结论是否有效？

前提：若 A 队得第一,则 B 队或 C 队获亚军；若 C 队获亚军,则 A 队不能获冠军；若 D 队获亚军,则 B 队不能获亚军；A 队获第一。

结论：D 队不是亚军。

证明：设 A：A 队得第一,B：B 队获亚军,C：C 队获亚军,D：D 队获亚军。

前提：$A \rightarrow (B \vee C), C \rightarrow \neg A, D \rightarrow \neg B, A$。

结论：$\neg D$。

(1) A	前提引入
(2) $A \rightarrow (B \vee C)$	前提引入
(3) $B \vee C$	(1)(2)假言推理
(4) $C \rightarrow \neg A$	前提引入
(5) $\neg C$	(1)(4)拒取式
(6) B	(3)(5)析取三段论
(7) $D \rightarrow \neg B$	前提引入
(8) $\neg D$	(6)(7)拒取式

则原结论有效。

1.6 例 题 解 析

例 1.34 判断下列语句是否为命题。

(1) Java 是一门计算机高级程序语言。

(2) 4 是偶数。

(3) 请关上门！

(4) 你喜欢周杰伦吗？

(5) $2x+7<3+y$。

(6) 9 能被 5 整除。

(7) 2 是偶数。

解：(3)是祈使句。(4)是疑问句,都不是陈述句,因此都不是命题。(5)是陈述句,但因 x,y 不定,结果不可判断,所以也不是命题。(1)、(2)、(6)、(7)都是陈述句,结果可以确定,所以是命题。

例 1.35　判断下列命题哪些是简单命题(原子命题),那些是复合命题?

(1) 如果天下雪,那么路上就会结冰。

(2) Java 和 Python 都是高级程序语言。

(3) 曹丕和曹操是父子。

解：(1)包含两个独立的命题"天下雪"和"路上结冰",并且用"如果……那么……"来联结,因此是一个复合命题。(2)包含了 Java 是高级程序语言和 Python 是高级程序语言两个命题,并且用"和"联结,因此是复合命题。(3)是曹丕和曹操是父子是简单命题。

例 1.36　将命题"洪水没有来"进行符号化处理。

解：首先可以看出"洪水没有来"这个陈述句是一个复合命题,因为在这个命题当中包含"没"这个否定联结词。因此就可以假设除"没"之外的这个原子命题"洪水来了。"为小写字母 p,在其前面再加否定词 ¬,那么这个复合命题就可以符号化为 ¬p。

例 1.37　将命题"3 是偶数且明天是雨天"符号化。

解：该命题整体是复合命题构成,由原子命题"3 是偶数"和原子命题"明天是雨天"构成,设 p:2 是偶数,q:明天是雨天。该复合命题可以符号化为 $p \wedge q$。

例 1.38　将命题"1+3=5 或者今天是晴天"符号化。

解：该命题整体是复合命题,分别由原子命题"1+3=5"和原子命题"今天是晴天"构成,设 p:1+3=5,q:今天是晴天。该复合命题可以符号化为 $p \vee q$。

例 1.39　将该命题"1+1=2 当且仅当太阳从东方升起"符号化。

解：该命题整体是复合命题构成,分别由原子命题"1+1=2。"和原子命题"太阳从东方升起。"构成,设 p:1+1=2,q:太阳从东方升起。该复合命题可以符号化为 $p \leftrightarrow q$,依据我们现有的认知可知该命题为真。

例 1.40　求下列公式的主合取范式和主析取范式。

(1) $(R \rightarrow Q) \wedge P$。

解：$(R \rightarrow Q) \wedge P$

$\Leftrightarrow (\neg R \vee Q) \wedge P$

$\Leftrightarrow (\neg R \wedge P) \vee (Q \wedge P)$　　　　　　　　　　　　　(析取范式)

$\Leftrightarrow (\neg R \wedge (Q \vee \neg Q) \wedge P) \vee ((\neg R \vee R) \wedge Q \wedge P)$

$\Leftrightarrow (\neg R \wedge Q \wedge P) \vee (\neg R \wedge \neg Q \wedge P) \vee (\neg R \wedge Q \wedge P) \vee (R \wedge Q \wedge P)$

$\Leftrightarrow (P \wedge Q \wedge \neg R) \vee (P \wedge \neg Q \wedge \neg R) \vee (P \wedge Q \wedge R)$　　　(主析取范式)

$\neg((R \rightarrow Q) \wedge P)$

$\Leftrightarrow (\neg P \wedge \neg Q \wedge \neg R) \vee (\neg P \wedge Q \wedge \neg R) \vee (P \wedge \neg Q \wedge R) \vee (\neg P \wedge Q \wedge R) \vee (\neg P \wedge \neg Q \wedge R)$

　　　　　　　　　　　　　　　　　　　　　(原公式否定的主析取范式)

$(R \rightarrow Q) \wedge P$

$\Leftrightarrow (P \vee Q \vee R) \wedge (P \vee \neg Q \vee R) \wedge (\neg P \vee Q \vee \neg R) \wedge (P \vee \neg Q \vee \neg R) \wedge (P \vee Q \vee \neg R)$

（主合取范式）

(2) $P \rightarrow Q$。

解：$P \rightarrow Q$

$\Leftrightarrow \neg P \vee Q$ 　　　　　　　　　　　　　　　　　（主合取范式）

$\Leftrightarrow (\neg P \wedge (Q \vee \neg Q)) \vee ((\neg P \vee P) \wedge Q)$

$\Leftrightarrow (\neg P \wedge Q) \vee (\neg P \wedge \neg Q) \vee (\neg P \wedge Q) \vee (P \wedge Q)$

$\Leftrightarrow (\neg P \wedge Q) \vee (\neg P \wedge \neg Q) \vee (P \wedge Q)$ 　　　　（主析取范式）

(3) $P \vee \neg Q$。

解：$P \vee \neg Q$ 　　　　　　　　　　　　　　　　　（主合取范式）

$\Leftrightarrow (P \wedge (\neg Q \vee Q)) \vee ((\neg P \vee P) \wedge \neg Q)$

$\Leftrightarrow (P \wedge \neg Q) \vee (P \wedge Q) \vee (\neg P \wedge \neg Q) \vee (P \wedge \neg Q)$

$\Leftrightarrow (P \wedge \neg Q) \vee (P \wedge Q) \vee (\neg P \wedge \neg Q)$ 　　　　（主析取范式）

(4) $P \wedge Q$。

解：$P \wedge Q$（主析取范式）

$\Leftrightarrow (P \vee (Q \wedge \neg Q)) \wedge ((P \wedge \neg P) \vee Q)$

$\Leftrightarrow (P \vee \neg Q) \wedge (P \vee Q) \wedge (P \vee Q) \wedge (\neg P \vee Q)$

$\Leftrightarrow (P \vee \neg Q) \wedge (P \vee Q) \wedge (\neg P \vee Q)$ 　　　　（主合取范式）

(5) $(P \vee R) \rightarrow Q$。

解：$(P \vee R) \rightarrow Q$

$\Leftrightarrow \neg (P \vee R) \vee Q$

$\Leftrightarrow (\neg P \wedge \neg R) \vee Q$

$\Leftrightarrow (\neg P \vee Q) \wedge (\neg R \vee Q)$ 　　　　　　　　　（合取范式）

$\Leftrightarrow (\neg P \vee Q \vee (R \wedge \neg R)) \wedge ((\neg P \wedge P) \vee Q \vee \neg R)$

$\Leftrightarrow (\neg P \vee Q \vee R) \wedge (\neg P \vee Q \vee \neg R) \wedge (\neg P \vee Q \vee \neg R) \wedge (P \vee Q \vee \neg R)$

$\Leftrightarrow (\neg P \vee Q \vee R) \wedge (\neg P \vee Q \vee \neg R) \wedge (\neg P \vee Q \vee \neg R) \wedge (P \vee Q \vee \neg R)$

$\Leftrightarrow (\neg P \vee Q \vee R) \wedge (\neg P \vee Q \vee \neg R) \wedge (P \vee Q \vee \neg R)$ 　　　（主合取范式）

$\neg (P \vee R) \rightarrow Q$

$\Leftrightarrow (\neg P \vee \neg Q \vee R) \wedge (\neg P \vee \neg Q \vee \neg R) \wedge (P \vee Q \vee R) \wedge (P \vee \neg Q \vee R) \wedge (P \vee \neg Q \vee \neg R)$

（原公式否定的主析取范式）

$(P \vee R) \rightarrow Q$

$\Leftrightarrow (P \wedge Q \wedge \neg R) \vee (P \wedge Q \wedge R) \vee (\neg P \wedge \neg Q \wedge \neg R) \vee (\neg P \wedge Q \wedge \neg R) \vee (\neg P \wedge Q \wedge R)$

（主析取范式）

(6) $(P \rightarrow Q) \rightarrow R$。

解：$(P \rightarrow Q) \rightarrow R$

$\Leftrightarrow \neg (\neg P \vee Q) \vee R$

$\Leftrightarrow (P \wedge \neg Q) \vee R$ (析取范式)

$\Leftrightarrow (P \wedge \neg Q \wedge (R \vee \neg R)) \vee ((P \vee \neg P) \wedge (Q \vee \neg Q) \wedge R)$

$\Leftrightarrow (P \wedge \neg Q \wedge R) \vee (P \wedge \neg Q \wedge \neg R) \vee (P \wedge Q \wedge R) \vee (P \wedge \neg Q \wedge R) \vee (\neg P \wedge Q \wedge R) \vee (\neg P \wedge \neg Q \wedge R)$

$\Leftrightarrow (P \wedge \neg Q \wedge R) \vee (P \wedge \neg Q \wedge \neg R) \vee (P \wedge Q \wedge R) \vee (\neg P \wedge Q \wedge R) \vee (\neg P \wedge \neg Q \wedge R)$

（主析取范式）

$(P \to Q) \to R$

$\Leftrightarrow \neg(\neg P \vee Q) \vee R$

$\Leftrightarrow (P \wedge \neg Q) \vee R$ （析取范式）

$\Leftrightarrow (P \vee R) \wedge (\neg Q \vee R)$ （合取范式）

$\Leftrightarrow (P \vee (Q \wedge \neg Q) \vee R) \wedge ((P \wedge \neg P) \vee \neg Q \vee R)$

$\Leftrightarrow (P \vee Q \vee R) \wedge (P \vee \neg Q \vee R) \wedge (P \vee \neg Q \vee R) \wedge (\neg P \vee \neg Q \vee R)$

$\Leftrightarrow (P \vee Q \vee R) \wedge (P \vee \neg Q \vee R) \wedge (\neg P \vee \neg Q \vee R)$ （主合取范式）

(7) $(P \to (Q \wedge R)) \wedge (\neg P \to (\neg Q \wedge \neg R))$

解：$(P \to (Q \wedge R)) \wedge (\neg P \to (\neg Q \wedge \neg R))$

$\Leftrightarrow (\neg P \vee (Q \wedge R)) \wedge (P \vee (\neg Q \wedge \neg R))$

$\Leftrightarrow (\neg P \vee Q) \wedge (\neg P \vee R) \wedge (P \vee \neg Q) \wedge (P \vee \neg R)$ （合取范式）

$\Leftrightarrow (\neg P \vee Q \vee (R \wedge \neg R)) \wedge (\neg P \vee (Q \wedge \neg Q) \vee R) \wedge (P \vee \neg Q \vee (R \wedge \neg R)) \wedge (P \vee (Q \wedge \neg Q) \vee \neg R)$

$\Leftrightarrow (\neg P \vee Q \vee R) \wedge (\neg P \vee Q \vee \neg R) \wedge (\neg P \vee Q \vee R) \wedge (\neg P \vee \neg Q \vee R) \wedge (P \vee \neg Q \vee R) \wedge (P \vee \neg Q \vee \neg R) \wedge (P \vee Q \vee \neg R) \wedge (P \vee \neg Q \vee \neg R)$

$\Leftrightarrow (\neg P \vee Q \vee R) \wedge (\neg P \vee Q \vee \neg R) \wedge (\neg P \vee \neg Q \vee R) \wedge (P \vee \neg Q \vee R) \wedge (P \vee Q \vee \neg R) \wedge (P \vee \neg Q \vee \neg R)$ （主合取范式）

$\neg(P \to (Q \wedge R)) \wedge (\neg P \to (\neg Q \wedge \neg R))$

$\Leftrightarrow (\neg P \vee \neg Q \vee \neg R) \wedge (P \vee Q \vee R)$ （原公式否定的主合取范式）

$(P \to (Q \wedge R)) \wedge (\neg P \to (\neg Q \wedge \neg R))$

$\Leftrightarrow (P \wedge Q \wedge R) \vee (\neg P \wedge \neg Q \wedge \neg R)$ （主析取范式）

(8) $P \vee (\neg P \to (Q \vee (\neg Q \to R)))$

解：$P \vee (\neg P \to (Q \vee (\neg Q \to R)))$

$\Leftrightarrow P \vee (P \vee (Q \vee (Q \vee R)))$

$\Leftrightarrow P \vee Q \vee R$ （主合取范式）

$\neg(P \vee Q \vee R)$

$\Leftrightarrow (P \vee \neg Q \vee R) \wedge (P \vee \neg Q \vee \neg R) \wedge (P \vee Q \vee \neg R) \wedge (\neg P \vee Q \vee R) \wedge (\neg P \vee Q \vee \neg R) \wedge (\neg P \vee \neg Q \vee R) \wedge (\neg P \vee \neg Q \vee \neg R)$ （原公式否定的主合取范式）

$(P \vee Q \vee R)$

$\Leftrightarrow (\neg P \wedge Q \wedge \neg R) \vee (\neg P \wedge Q \wedge R) \vee (\neg P \wedge \neg Q \wedge R) \vee (P \wedge \neg Q \wedge \neg R) \vee (P \wedge \neg Q \wedge R) \vee (P \wedge Q \wedge \neg R) \vee (P \wedge Q \wedge R)$ （主析取范式）

(9) $(P \rightarrow Q) \wedge (P \rightarrow R)$

解：$(P \rightarrow Q) \wedge (P \rightarrow R)$

$\Leftrightarrow (\neg P \vee Q) \wedge (\neg P \vee R)$ （合取范式）

$\Leftrightarrow (\neg P \vee Q \vee (R \wedge \neg R)) \wedge (\neg P \vee (\neg Q \wedge Q) \vee R)$

$\Leftrightarrow (\neg P \vee Q \vee R) \wedge (\neg P \vee Q \vee \neg R) \wedge (\neg P \vee \neg Q \vee R) \wedge (\neg P \vee Q \vee R)$

$\Leftrightarrow (\neg P \vee Q \vee R) \wedge (\neg P \vee Q \vee \neg R) \wedge (\neg P \vee \neg Q \vee R)$ （主合取范式）

$(P \rightarrow Q) \wedge (P \rightarrow R)$

$\Leftrightarrow (\neg P \vee Q) \wedge (\neg P \vee R)$

$\Leftrightarrow \neg P \vee (Q \wedge R)$ （合取范式）

$\Leftrightarrow (\neg P \wedge (Q \vee \neg Q) \wedge (R \vee \neg R)) \vee ((\neg P \vee P) \wedge Q \wedge R)$

$\Leftrightarrow (\neg P \wedge Q \wedge R) \vee (\neg P \wedge \neg Q \wedge R) \vee (\neg P \wedge Q \wedge \neg R) \vee (\neg P \wedge \neg Q \neg R) \vee (\neg P \wedge Q \wedge R) \vee (P \wedge Q \wedge R)$

$\Leftrightarrow (\neg P \wedge Q \wedge R) \vee (\neg P \wedge \neg Q \wedge R) \vee (\neg P \wedge Q \wedge \neg R) \vee (\neg P \wedge \neg Q \neg R) \vee (P \wedge Q \wedge R)$
（主析取范式）

例 1.41 试证明下列推理。

(1) $P \rightarrow Q, \neg Q \vee R, \neg R, \neg S \vee P \Rightarrow \neg S$

证明：

① $\neg R$	前提引入
② $\neg Q \vee R$	前提引入
③ $\neg Q$	①②析取三段论
④ $P \rightarrow Q$	前提引入
⑤ $\neg P$	③④拒取式
⑥ $\neg S \vee P$	前提引入
⑦ $\neg S$	⑤⑥析取三段论

(2) $A \rightarrow (B \rightarrow C), C \rightarrow (\neg D \vee E), \neg F \rightarrow (D \wedge \neg E), \Rightarrow B \rightarrow F$

证明：

① B	附加前提
② A	前提引入
③ $A \rightarrow (B \rightarrow C)$	前提引入
④ $B \rightarrow C$	②③假言推理
⑤ C	①④假言推理
⑥ $C \rightarrow (\neg D \vee E)$	前提引入
⑦ $\neg D \vee E$	⑤⑥假言推理
⑧ $\neg F \rightarrow (D \wedge \neg E)$	前提引入
⑨ F	⑦⑧拒取式
⑩ $B \rightarrow F$	①⑨CP

(3) $P \lor Q, P \to R, Q \to S \Rightarrow R \lor S$

证明：

① $\neg R$ 附加前提引入

② $P \to R$ 前提引入

③ $\neg P$ ①②拒取式

④ $P \lor Q$ 前提引入

⑤ Q ③④析取三段论

⑥ $Q \to S$ 前提引入

⑦ S ⑤⑥假言推理

⑧ $R \lor S$ ①⑧CP

(4) $(P \to Q) \land (R \to S), (Q \to W) \land (S \to X), \neg(W \land X), P \to R \Rightarrow \neg P$

证明：

① P 结论的否定引入

② $P \to R$ 前提引入

③ R ①②假言推理

④ $(P \to Q) \land (R \to S)$ 前提引入

⑤ $P \to Q$ ④化简

⑥ $R \to S$ ④化简

⑦ Q ①⑤假言推理

⑧ S ③⑥假言推理

⑨ $(Q \to W) \land (S \to X)$ 前提引入

⑩ $Q \to W$ ⑨化简

⑪ $S \to X$ ⑨化简

⑫ W ⑦⑩假言推理

⑬ X ⑧⑪假言推理

⑭ $W \land X$ ⑫⑬合取

⑮ $\neg(W \land X)$ 前提引入

⑯ $\neg(W \land X) \land (W \land X)$ ⑭⑮合取

所以推理正确

(5) $(U \lor V) \to (M \land N), U \lor P, P \to (Q \lor S), \neg Q \land \neg S \Rightarrow M$

证明：

① $\neg Q \land \neg S$ 前提引入

② $\neg(Q \lor S)$ ①置换

③ $P \to (Q \lor S)$ 前提引入

④ $\neg P$ ②③拒取式

⑤ $U \lor P$ 前提引入

⑥ U ④⑤析取三段论

⑦ $(U \lor V) \to (M \land N)$ 前提引入

⑧ $U \lor V$ ②附加前提引入

⑨ $M \land N$ ⑦⑧假言推理

⑩ M ⑨化简

(6) $\neg B \lor D , (E \to \neg F) \to \neg D , \neg E \Rightarrow \neg B$

证明：

① B 结论的否定引入

② $\neg B \lor D$ 前提引入

③ D ①②析取三段论

④ $(E \to \neg F) \to \neg D$ 前提引入

⑤ $\neg (E \to \neg F)$ ③④拒取式

⑥ $E \land \neg F$ ⑤置换

⑦ E ⑥化简

⑧ $\neg E$ 前提引入

⑨ $E \land \neg E$ ⑦⑧合取

(7) $P \to (Q \to R) , R \to (Q \to S) \Rightarrow P \to (Q \to S)$

证明：

① P 附加前提引入

② Q 附加前提引入

③ $P \to (Q \to R)$ 前提引入

④ $Q \to R$ ①③假言推理

⑤ R ②④假言推理

⑥ $R \to (Q \to S)$ 前提引入

⑦ $Q \to S$ ⑤⑥假言推理

⑧ S ②⑦假言推理

⑨ $Q \to S$ ②⑧CP

⑩ $P \to (Q \to S)$ ①⑨CP

(8) $P \to \neg Q , \neg P \to R , R \to \neg S \Rightarrow S \to \neg Q$

证明：

① S 附加前提引入

② $R \to \neg S$ 前提引入

③ $\neg R$ ①②拒取式

④ $\neg P \to R$ 前提引入

⑤ P ③④拒取式

⑥ $P \to \neg Q$ 前提引入

⑦ $\neg Q$ ⑤⑥假言推理

⑧ $S \to \neg Q$ ①⑦CP

(9) $P \rightarrow (Q \rightarrow R) \Rightarrow (P \rightarrow Q) \rightarrow (P \rightarrow R)$

证明：

① $P \rightarrow Q$	附加前提引入
② P	附加前提引入
③ Q	①②假言推理
④ $P \rightarrow (Q \rightarrow R)$	前提引入
⑤ $Q \rightarrow R$	②④假言推理
⑥ R	③⑤假言推理
⑦ $P \rightarrow R$	②⑥CP
⑧ $(P \rightarrow Q) \rightarrow (P \rightarrow R)$	①⑦CP

(10) $P \rightarrow (\neg Q \rightarrow \neg R), Q \rightarrow \neg P, S \rightarrow R, P \Rightarrow \neg S$

证明：

① P	前提引入
② $P \rightarrow (\neg Q \rightarrow \neg R)$	前提引入
③ $\neg Q \rightarrow \neg R$	①②假言推言
④ $Q \rightarrow \neg P$	前提引入
⑤ $\neg Q$	①④拒取式
⑥ $\neg R$	③⑤假言推言
⑦ $S \rightarrow R$	前提引入
⑧ $\neg S$	⑥⑦拒取式

本 章 小 结

1. 重点与难点

本章重点：

(1) 命题与命题联结词,命题联结词的真值表,命题符号化；

(2) 命题公式及解释,命题公式的真值表,命题公式的类型及判定；

(3) 用真值表法和等值演算法证明两个公式的等值或蕴涵；

(4) 用真值表法和等值演算法求命题公式的(主)析取(合取)范式；

(5) 命题逻辑的推理理论,判定推理的正确性,构造推理证明。

本章难点：

(1) 命题符号化时正确使用命题联结词,尤其是蕴涵联结词和析取联结词；

(2) 判定公式的类型和等值关系是否成立；

(3) 求命题公式的主析取范式和主合取范式；

(4) 构造推理的证明(使用前提证明法和归谬法)。

2. 思维导图

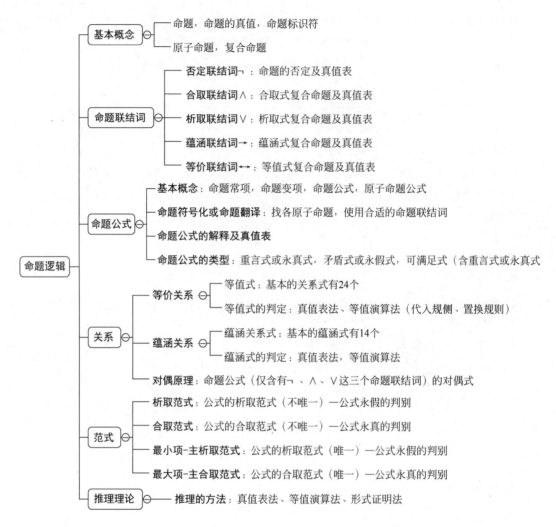

习　　题

1. 下列公式中,(　　)是永真蕴涵式。

    A. $\neg q \Rightarrow q \to p$　　B. $\neg q \Rightarrow p \to q$　　C. $p \Rightarrow p \to q$　　　D. $\neg p \wedge (p \vee q) \Rightarrow \neg p$

2. 下列公式中,(　　)是永真式。

    A. $(\neg p \wedge q) \to (q \to \neg r)$　　　　　　　B. $p \to (q \to q)$

    C. $(p \wedge q) \to p$　　　　　　　　　　　　D. $p \to (p \vee q)$

3. 下列公式中,(　　)是永真蕴涵式。

    A. $p \Rightarrow p \wedge q$　　　　B. $p \wedge q \Rightarrow p$　　　　　C. $p \wedge q \Rightarrow p \vee q$

    D. $p \wedge (p \to q) \Rightarrow q$　　E. $\neg(p \to q) \Rightarrow p$　　　F. $\neg p \wedge (p \vee q) \Rightarrow \neg p$

4. 永真式的否定是( )。

    A. 永真式   B. 永假式   C. 可满足式   D. 以上三种均有可能

5. 设 p：我生病，q：我去学校，则下列命题可符号化为( )。

    A. 只有在生病时，我才不去学校   B. 若我生病，则我不去学校

    C. 当且仅当我生病时，我才不去学校   D. 若我不生病，则我一定去学校

6. 判断下列语句是不是命题。若是，则给出命题的真值。

(1) 北京是中华人民共和国的首都。   (2) 陕西师大是一座工厂。

(3) 你喜欢唱歌吗？   (4) 若 $7+8>18$，则三角形有 4 条边。

(5) 前进！   (6) 给我一杯水吧！

7. 命题"存在一些人是大学生"的否定是( )；命题"所有的人都是要死的"的否定是( )。

8. 公式 $(\neg p \wedge q) \vee (\neg p \wedge \neg q)$ 可化简为( )，公式 $q \rightarrow (p \vee (p \wedge q))$ 可化简为( )。

9. 判断下列语句是否为命题，为什么？若是命题，请说明是真命题还是假命题。

(1) $x+a$。

(2) $y<0$。

(3) 你在唱什么呀？

(4) 今天天气真好！

(5) 我明天或者后天去北京。

(6) 我明天或者后天去北京是谣传。

(7) 一个整数为奇数当且仅当它不能被 2 整除。

(8) 这个命题是假的。

(9) 太阳是会发光的。

10. 判断下列语句是简单命题还是复合命题，为什么？并将下列语句翻译成命题公式。

(1) 他不会做此事。

(2) 他去旅游，仅当他有时间。

(3) 小王或小李都会解这个题。

(4) 如果你来，他就不回去。

(5) 没有人去看展览。

(6) 他们都是学生。

(7) 他没有去看电影，而是去看了体育比赛。

(8) 如果下雨，那么他就会带伞。

(9) 李刚和李春是兄弟。

11. 判断下列各命题的真值。

(1) 若 $3+2=4$，则 $3+3=6$。

(2) 若 $2+2=6$，则 $3+3\neq6$。

(3) 若 $2+2\neq6$，则 $3+3\neq6$。

(4) 若 $1+2\neq4$，则 $3+3=6$。

12. 设 p："天下大雨"，q："他乘地铁上班"，r："他乘公共汽车上班"，将下列命题符号化。

（1）如果天不下大雨，他乘地铁上班或者乘公共汽车上班。

（2）只要天下大雨，他就乘公共汽车上班。

（3）只有天下大雨，他才乘公共汽车上班。

（4）除非天下大雨，否则他不乘公共汽车上班。

13. 判断下列符号串是不是命题合式公式，如果是合式公式，请指出它是几层公式，并标明各层次。

（1）$\neg p \wedge q$。

（2）$(p \vee q) \rightarrow s$。

（3）$(p \rightarrow q) \wedge r$。

（4）$(p \rightarrow q) \wedge \neg(\neg q \leftrightarrow (q \rightarrow \neg r))$。

14. 指出下列公式的层次，并构造其真值表。

（1）$(p \vee q) \wedge q$。

（2）$q \wedge (p \rightarrow q) \rightarrow p$。

（3）$(p \wedge q \wedge r) \rightarrow (p \vee q)$。

（4）$(p \vee q) \wedge (\neg p \wedge q) \wedge (q \vee r)$。

15. 构造下列公式的真值表，并据此说明它是重言式、矛盾式，或仅为可满足式。

（1）$p \vee \neg(p \wedge q)$。

（2）$(p \wedge q) \wedge \neg(p \vee q)$。

（3）$(p \rightarrow q) \leftrightarrow (\neg p \leftrightarrow q)$。

（4）$((p \rightarrow q) \wedge (q \rightarrow r)) \rightarrow (p \rightarrow r)$。

16. 用真值表方法证明下列各等值式。

（1）$\neg(p \vee q) \Leftrightarrow \neg p \wedge q$。

（2）$(p \wedge q) \vee (p \wedge \neg q) \Leftrightarrow p$。

（3）$(p \rightarrow q) \wedge (p \rightarrow \neg q) \Leftrightarrow \neg p$。

（4）$(p \wedge q) \rightarrow r \Leftrightarrow p \rightarrow (q \rightarrow r)$。

17. 用等值演算法化简下列公式。

（1）$\neg(p \leftrightarrow \neg q)$。

（2）$\neg(\neg p \leftrightarrow q)$。

（3）$\neg(p \rightarrow \neg q)$。

（4）$\neg(\neg p \rightarrow \neg q)$。

18. 证明下列等值式。

（1）$(p \rightarrow q) \wedge (r \rightarrow q) \Leftrightarrow (p \vee r) \rightarrow q$。

（2）$p \rightarrow (q \vee r) \Leftrightarrow (p \wedge \neg q) \rightarrow r$。

（3）$p \rightarrow (q \rightarrow r) \Leftrightarrow q \rightarrow (p \rightarrow r)$。

（4）$\neg(p \leftrightarrow q) \Leftrightarrow \neg p \leftrightarrow q$。

(5) $(p \rightarrow q) \wedge (q \rightarrow p) \Leftrightarrow (p \wedge q) \vee (\neg p \wedge \neg q)$。

19. 用真值表法判断下列公式的类型。

(1) $(p \rightarrow q) \leftrightarrow (\neg q \rightarrow \neg p)$。

(2) $(\neg p \vee q) \wedge (p \wedge \neg q)$。

(3) $(p \wedge q \wedge r) \rightarrow (p \wedge q)$。

(4) $p \rightarrow \neg (\neg p \rightarrow q)$。

20. 将下列公式化为析取范式和合取范式。

(1) $(p \rightarrow q) \rightarrow (r \rightarrow s)$。

(2) $\neg p \wedge (q \leftrightarrow r)$。

(3) $(p \vee q) \wedge \neg r$。

(4) $p \rightarrow (q \rightarrow r)$。

21. 求下列公式的主析取范式和主合取范式。

(1) $p \wedge (\neg p \vee q)$。

(2) $(\neg p \rightarrow q) \vee (\neg p \wedge \neg q)$。

(3) $((p \vee q) \rightarrow r) \rightarrow p$。

(4) $(p \rightarrow q) \rightarrow (r \rightarrow s)$。

22. 用真值表法求下列公式的极大项和极小项,并写出主析取范式和主合取范式。

(1) $\neg (p \rightarrow q)$。

(2) $\neg (p \rightarrow q) \vee (p \vee q)$。

(3) $p \vee (\neg p \wedge q \wedge r)$。

(4) $(p \rightarrow q) \rightarrow r$。

23. 通过求主析取范式,判断下列公式的类型。

(1) $(\neg p \wedge q) \wedge (\neg (\neg p \wedge \neg q))$。

(2) $((p \rightarrow q) \wedge (q \rightarrow r)) \rightarrow (p \rightarrow r)$。

(3) $\neg (p \vee (q \wedge r)) \leftrightarrow ((p \vee q) \wedge (p \vee r))$。

(4) $((p \rightarrow q) \vee (r \rightarrow s)) \rightarrow ((p \vee r) \rightarrow (s \vee q))$。

24. 求下列各公式的主析取范式和主合取范式。

(1) $(p \rightarrow q) \wedge r$。

(2) $(p \wedge r) \vee (q \wedge r) \vee \neg p$。

(3) $(\neg p \rightarrow q) \wedge (r \vee p)$。

(4) $q \rightarrow (p \vee \neg r)$。

(5) $p \rightarrow (p \wedge (q \rightarrow p))$。

(6) $\neg (p \rightarrow q) \vee (r \wedge p)$。

25. 给出下列推理的形式证明。

(1) $a, a \rightarrow b, a \rightarrow c, b \rightarrow (d \rightarrow \neg c) \Rightarrow \neg d$。

(2) $a \rightarrow (c \vee b), b \rightarrow \neg a, d \rightarrow \neg c \Rightarrow a \rightarrow \neg d$。

(3) $(p \rightarrow q) \wedge (p \rightarrow r), \neg (q \wedge r), s \vee p \Rightarrow s$。

(4) $p \rightarrow \neg q, q \vee \neg r, r \wedge \neg s \Rightarrow \neg p$。

26. 给出下列推理的形式证明。

(1) $p \rightarrow q, \neg q \vee r, \neg r, \neg s \vee p \Rightarrow \neg s$。

(2) $p \vee q, p \rightarrow r, q \rightarrow s \Rightarrow r \vee s$。

(3) $\neg b \vee d, (e \rightarrow \neg f) \rightarrow \neg d, e \Rightarrow \neg b$。

(4) $p \rightarrow (q \rightarrow r), r \rightarrow (q \rightarrow s) \Rightarrow p \rightarrow (q \rightarrow s)$。

(5) $p \rightarrow \neg q, \neg p \rightarrow r, r \rightarrow \neg s \Rightarrow s \rightarrow \neg q$。

(6) $p \rightarrow (\neg q \rightarrow \neg r), r \rightarrow \neg p, s \rightarrow r, p \Rightarrow \neg s$。

27. 符号化下面问题中的前提和结论,并指出推理是否正确,为什么?

前提:

(1) 如果这里有演出,则通行是困难的。

(2) 如果他们按照指定时间到达,则通行是不困难的。

(3) 他们按照指定时间到达了。

结论:这里没有演出。

28. 已知事实如下,问结论是否有效。

前提:

(1) 如果天下雪,则马路就会结冰。

(2) 如果马路结冰,汽车就不会开快。

(3) 如果汽车开得不快,马路上就会塞车。

(4) 马路上没有塞车。

结论:天没有下雪。

29. 判断下列推理是否正确?结论是否有效?并说明理由。

(1) $(p \rightarrow q) \wedge (p \rightarrow r), \neg(q \wedge r), s \vee p \Rightarrow s$

证明:

① $(p \rightarrow q) \wedge (p \rightarrow r)$　　　　　前提引入

② $p \rightarrow (q \wedge r)$　　　　　　　　　①置换

③ $\neg(q \wedge r)$　　　　　　　　　　前提引入

④ $\neg p$　　　　　　　　　　　　②③拒取式

⑤ $s \vee p$　　　　　　　　　　　前提引入

⑥ s　　　　　　　　　　　　④⑤析取三段论

(2) $p \rightarrow \neg q, q \vee \neg r, r \wedge \neg s \Rightarrow \neg p$

证明:

① p　　　　　　　　　　　　结论的否定引入

② $p \rightarrow \neg q$　　　　　　　　　前提引入

③ $\neg q$　　　　　　　　　　　①②假言推理

④ $q \vee \neg r$　　　　　　　　　前提引入

⑤ $\neg r$　　　　　　　　　　　③④析取三段论

⑥ $r \wedge \neg s$ 前提引入

⑦ r ⑥化简

⑧ $r \wedge \neg r$ ⑤⑦合取

30. 用推理规则证明下列推理的正确性：如果张三努力工作，那么李四或王五感到高兴；如果李四感到高兴，那么张三不努力工作；如果刘强高兴，那么王五不高兴。所以，如果张三努力工作，则刘强不高兴。

31. 判断下列推理是否正确。先将命题符号化，再写出前提和结论，然后进行判断。

(1) 如果今天是星期一，则明天是星期二。明天不是星期二。所以今天不是星期一。

(2) 如果今天是星期一，则明天是星期二。今天不是星期一。所以明天不是星期二。

32. 先进行命题符号化处理，然后通过证明判断下列前提的结论是否有效。

今天或者天晴或者下雨。如果天晴，我去看电影；若我去看电影，我就不看书。故我在看书时，说明今天下雨。

33. 先进行命题符号化处理，然后通过证明判断下列前提下结论是否有效。

如果今天是星期一，则要进行英语或离散数学考试。如果今天英语老师开会，则不考英语。今天是星期一。英语老师开会。所以今天进行离散数学考试。

34. 写出下面推理的形式证明。

只要小王曾经到过受害人的房间并且 11 点以前没有离开，小王就是犯罪嫌疑人。小王曾经到过受害者房间。如果小王在 11 点以前离开，看门人会看到他。看门人没有看到他。所以小王是犯罪嫌疑人。

第 2 章　谓词逻辑

在命题逻辑中,主要研究命题与命题之间的逻辑关系,其基本组成单位是原子命题。原子命题在命题演算中是不可分解的基本单位,不能再对原子命题的内部结构作进一步的分析,因而也无法研究命题的内部结构及命题之间的内在联系,甚至对一些简单的命题结构都无法有效地进行研究推理。例如,著名的苏格拉底三段论:所有的人都是要死的,苏格拉底是人,所以苏格拉底是要死的。在命题逻辑中,只能将推理中出现的 3 个命题符号化为 p、q、r(p:所有的人都是要死的,q:苏格拉底是人,r:苏格拉底是要死的。),那么用构造法的第一种形式写出来的公式就是 $p \wedge q \rightarrow r$。显然该公式用最基本的真值表法得不到永真式的证明。但是在人们的认知中,该命题是恒真的命题。为了克服命题逻辑的局限性,可将原子命题进一步划分,分析出个体、谓词和量词,以表达个体与总体之间的内在联系和数量关系,这就是谓词逻辑研究的内容。谓词逻辑也称为一阶逻辑或一阶谓词逻辑。

本章学习目标及思政点

学习目标

- 谓词逻辑的基本概念:个体、谓词、个体常项、个体变项、一元谓词、n 元谓词、谓词函数、个体域、全总个体域、全称量词、存在量词、特性谓词等
- 谓词公式的基本概念:原子谓词、谓词公式或合式公式、作用变项或指导变项、辖域或作用域、约束变项、自由变项、自由出现
- 谓词公式间的关系:谓词公式的指派、赋值或解释、永真式或重言式、矛盾式或永假式、可满足式、等值关系与蕴涵关系
- 谓词公式的范式:前束范式、前束析取范式、前束合取范式和斯科伦范式
- 谓词逻辑的推理理论:推理的形式结构;全称特定化规则(US 规则)、全称一般化规则(UG 规则)、存在特定化规则(ES 规则)、存在一般化规则(EG 规则)

思政点

培养对于事物认知的科学精神,形成负责的学习态度,既勇于探究新知又能够实事求是,敢于质疑、独立思考;培养科学方法(探究核心),重塑数据科学思维体系:从"心""脑""体"三方面科学构建,实现知识传授与价值引领的有机结合;认识事物整体与部分的关系,树立辩证唯物主义哲学观;培养事物之间都是有普遍联系的认识观;运用辩证法寻找事物之间的内在联系。

2.1　谓词逻辑的基本概念

2.1.1　谓词、个体和个体域

命题是具有真假意义的陈述句。从语法上分析,一个陈述句由主语和谓语两部分组成,

例如,5 是质数;李明和张宏是同事。这两个命题都是陈述句,也可以确定真假值。再继续分析"5 是质数"这个陈述句,是用来表示什么是质数这一性质,也就是……是质数。5 属于陈述句的主体部分,也就是研究的个体。同理再分析"李明和张宏是同事"这一陈述句,会发现这一命题是表示"……和……"是同事关系。通过这两个例子可以看到谓词讨论的就是表示"……是质数"这一性质或者"……和……是同事"这一关系,其中的个体也是就是 5 或者李明和张宏。因此,若将句子分解成"主语"+"谓语"且将相同的谓语部分抽取出来,就可以表示这一类的语句。为了揭示命题内部结构的关系,可将命题分成主语和谓语,并且把主语称为个体或客体,把刻画个体性质或关系的谓语称为谓词。下面给出谓词、个体及个体域的定义。

定义 2.1 **个体**是思维的对象,它是具有独立意义、可以独立存在的客体。**谓词**就是用来表示一个个体事物性质或若干个个体之间关系的词。

个体和谓词一起构成了原子命题中的主谓结构。

根据是具体的还是抽象的,个体分为个体常项和个体变项两种。

(1) 个体常项。将表示具体或特定的个体称为个体常项,常用小写英文字母 $a,b,c,\cdots,a_1,b_1,c_1$ 等表示。

(2) 个体变项。将表示抽象或泛指的个体称为个体变项,常用小写英文字母 $x,y,z,\cdots,x_1,y_1,z_1$ 等表示。

谓词可分为谓词常项和谓词变项两种。

(3) 谓词常项。谓词常项表示具体性质或关系的谓词。

(4) 谓词变项。谓词变项表示抽象的、泛指的性质或关系的谓词。

谓词常项或谓词变项都用用大写的英文字母 $P,Q,R,\cdots,X,Y,Z$ 等表示。

单纯的谓词或单纯的个体都无法构成一个完整的逻辑含义,只有将它们结合起来时才能构成一个完整、独立的逻辑语言。

例如:广州、北京、赵明、20210806 班、计算机科学等仅仅是简单的个体常量,"是中国的首都""是计算机的基础课程"等仅仅是简单的谓词,它们都不能构成完整的句子。

定义 2.2 在谓词逻辑中,谓词函数中的个体变项 x 的取值范围称为该谓词的**个体域**。谓词的个体域也就是谓词函数的定义域。

个体域可以是有穷集合,如$\{1,2,3,4\}$、$\{a,b,c,\cdots,x,y,z\}$ 等;也可以是无穷集合,如自然数集合 $\mathbf{N}=\{0,1,2,\cdots\}$、实数集合 $\mathbf{R}=\{x\mid x$ 是实数$\}$ 等。

定义 2.3 一个原子命题用一个谓词和 n 个有次序的个体常项 $a_1,a_2,\cdots,a_n$ 表示成 $P(a_1,a_2,\cdots,a_n)$ 的形式,称为该原子命题的谓词形式。

说明:若 $n=0$,则 P 称为零元谓词,即 P 本身就是一个命题;若 $n=1$,则 P 称为一元谓词;若 $n=2$,则 P 称为二元谓词,以此类推。一元谓词用以描述某一个个体的某种特性,而 n 元谓词则用以描述 n 个个体之间的关系。

定义 2.4 若表达式 $P(x_1,x_2,\cdots,x_n)$ 中,P 是某个 n 元谓词,$x_1,x_2,\cdots,x_n$ 是个体变项,则 $P(x_1,x_2,\cdots,x_n)$ 称为简单命题函数。由一个或多个简单命题函数及联结词组合而成的表达式称为复合命题函数。

简单命题函数和复合命题函数统称为命题函数。命题函数不是命题,只有将其中所有的个体变项都用具体的个体取代后才成为命题。个体变项在哪些范围内取特定的值,对是否成为命题及命题的真值影响很大。

例 2.1 在一阶逻辑中将下列命题符号化。

(1) x 是实数。

(2) $x > y$。

解:(1) x 是个体变项。$F(x)$: x 是实数,即表示实数这个性质。那么命题就被符号化为 $F(x)$,其值因 x 不确定而无法确定。

(2) x,y 都是个体变项。$Q(x,y)$: $x > y$,即表示大于这一关系。那么该命题就被符号化为 $Q(x,y)$。其值也是因为 x,y 不确定所以无法确定。

例 2.2 将下列命题符号化。

(1) 盐和海水都是咸的。

(2) 如果 $1+2=3$,那么张强与张亮是兄弟。

(3) 东莞位于广州与深圳之间。

解:(1) $F(x)$: x 是咸的;a:盐;b:海水;则命题可符号化为 $F(a) \wedge F(b)$。

(2) $F(x,y,z)$: $x+y=z$,a:1,b:2,c:3,$G(x,y)$: x 与 y 是兄弟,d:张强,f:张亮;则命题就符号化为: $F(a,b,c) \rightarrow G(d,f)$。

(3) $F(x,y,z)$: x 位于 y 与 z 之间,a:东莞,b:广州,c:深圳,则命题符号化为 $F(a,b,c)$。

注意:(1) 谓词中个体词的顺序是十分重要的,不能随意变更。如命题 $F(a,b,c)$ 为"真",但命题 $F(a,c,b)$ 为"假"。

(2) 具体命题的谓词表示形式和 n 元命题函数(n 元谓词)是不同的,前者是有真值的,而后者不是命题,它的真值是不确定的。如例 2.2(1) 中 $F(a)$ 是有真值的,但 $F(x)$ 却没有真值。

2.1.2 量词

在谓词逻辑中,为了证明像苏格拉底三段论这样的推理问题的正确性,仅有谓词、个体词这些概念是不够的,还需要表示个体常项或变项之间数量关系的词来做精确的刻画。

定义 2.5 表示个体常项或变项之间数量关系的词为**量词**。称 $\forall x$ 为全称量词,$\exists x$ 为存在量词,x 称为作用变量。

一般将量词加在其谓词之前,记为 $\forall x F(x)$,$\exists x F(x)$。此时,$F(x)$ 称为全称量词和存在量词的辖域。

(1) 全称量词。在自然语言中把表述的"所有的""任意的""一切""每一个"等表示全称判断的词称为全称量词,用来描述讨论范围中的全部个体,如 $\forall x F(x)$ 就表示所有个体都具有性质 F。

(2) 存在量词。在自然语言中把表述"有的""存在一些""某些"等表示特称判断的词,称为存在量词,用来描述讨论范围中的特殊个体,如 $\exists x F(x)$ 就表示有个体具有性质 F。

注意:$\forall$ 是 All 中第一个字母 A 倒过来作符号,表示所有的;$\exists$ 就是 Exist 中第一个字母 E 反过来做符号,表示存在。

例 2.3　符号化下列命题。

(1) 所有的花都是红的。

(2) 有的花是红的。

分析:在这两个命题中,除了有个体"花"、谓词"是红的"外,还多了两个量词,一个是"所有的",另一个是"有的"。如果进行符号化,就要进行量词的符号化处理。因此为了要表达全称判断和特称判断,就有必要引入量词。

引入量词的本质就是将谓词中的个体进行量化,量化后所得命题的真假值与辖域有关。如例 2.3 中,如果取不同的花,(1)(2)两个命题的真假值就会有变化。

对于不同的个体变项,用不同的个体域是可以的。但当不同的个体变项一起讨论时,用不同的个体域很不方便,于是设想有一个集合,它包括谓词中各个体变项的所有个体域,即通常所说的宇宙中的一切事物,可以当作**全总个体域**。有了全总个体域,个体变项的取值范围就一致了,但不同论述对象需要用不同的特性谓词再加以描述,因此要引入两条处理特性谓词的规则。下面结合例子来进行说明。

设 $F(x)$ 表示"x 是不怕死的",$D(x)$ 表示"x 是要死的",$M(x)$ 表示"x 是人",如果个体域取人类集合,则

"人是要死的"就符号化为 $\forall x D(x)$。

"有些人不怕死"就符号化为 $\exists x F(x)$。

这两个谓词公式中不需要特指人类这个性质,因为本身个体域就是人类集合。

如果个体域为全总个体域,则应分别译为

$$\forall x(M(x) \rightarrow D(x))$$
$$\exists x(M(x) \wedge F(x))$$

在全总个体域中需要引入特性谓词 $M(x)$ 来表示人类这个性质。因为在全总个体域中"……是要死的"的个体对象很多,"……是不怕死的"的个体对象也很多。

统一个体域为全总个体域后对每个句子中个体变量的变化范围用一元特性谓词表示。这种特性谓词在加入命题函数中时应遵循如下原则:

(1) 对于全称量词($\forall x$),表示其对应个体域的特性谓词,作为蕴涵式的前件加入。

(2) 对于存在量词($\exists x$),表示其对应个体域的特性谓词,作为合取式的合取项加入。

接下来再来符号化处理例 2.3。例 2.3 中没有说明讨论范围,可以当作全总个体域来讨论,因此要注意特性谓词的引入规则。

解:设 $F(x)$ 表示"x 是红的",$D(x)$ 表示"x 是花"。

(1) "所有的花都是红的"可以符号化为 $\forall x(D(x) \rightarrow F(x))$。

(2) "有的花是红的"可以符号化为 $\exists x(D(x) \wedge F(x))$。

这两个谓词公式是两个基本式子,后面会经常用到。

例 2.4　将下列命题符号化。

(1) 有人登上过月球。

(2) 没有人登上过木星。

(3) 所有的大学生都会说英语。

(4) 不是所有的花都是红的。

(5) 没有不犯错误的人。

解：本题中并未指定个体域的范围，所以当作全总个体域来讨论。

(1) 设 $F(x)$ 代表"x 登上过月球"，$M(x)$ 代表"x 是人"，则命题可符号化为 $\exists x(M(x) \wedge F(x))$。

(2) 设 $F(x)$ 代表"x 登上木星"，$M(x)$ 代表"x 是人"，则命题可符号化为 $\neg \exists x(M(x) \wedge F(x))$ 或 $\forall x(M(x) \to \neg F(x))$。

对应的陈述句命题为"所有的人都没登上过木星"，该陈述句表述和原题目表述的意思一致。

(3) 设 $F(x)$ 代表"x 都会说英语"，$M(x)$ 代表"x 是大学生"，则命题可符号化为 $\forall x(M(x) \to F(x))$。

(4) 设 $G(x)$ 代表"x 是红的"，$M(x)$ 代表"x 是花"，则命题可符号化为 $\neg \forall x(M(x) \to G(x))$ 或 $\exists x(M(x) \wedge \neg F(x))$。

对应的陈述句命题为"有的花不是红的"，该陈述句表述也和原题目表述的意思一致。

(5) 设 $F(x)$ 代表"x 犯错误"，$M(x)$ 代表"x 是人"，则命题可符号化为 $\neg \exists x(M(x) \wedge \neg F(x))$ 或 $\forall x(M(x) \to F(x))$。

对应的陈述句为"所有的人都犯错误"，也和原命题表述一致。

不难发现，例 2.4 的 (2)(4)(5) 中都有谓词公式的另外一种形式，也就是包含否定词的另外一个量词的形式。这个在后面等值式中会进一步讨论。

例 2.5 将下列命题符号化。

(1) 某些人对某些食物过敏。

(2) 每个人都有一些缺点。

(3) 对于所有的自然数，均有 $x + y \geqslant x$。

解：

(1) 设 $F(x, y)$ 代表"x 对 y 过敏"，$M(x)$ 代表"x 是人"，$G(x)$ 代表"x 是食物"，则该命题可符号化为 $\exists x \exists y(M(x) \wedge G(x) \wedge F(x, y))$。

(2) 设 $F(x, y)$ 代表"x 有 y"，$M(x)$ 代表"x 是人"，$G(y)$ 代表"y 是缺点"，则该命题可符号化为 $\forall x M(x) \to \exists y(G(y) \wedge F(x, y))$。

(3) 设 $F(x, y)$ 代表"$x + y \geqslant x$"，$N(x)$ 代表"x 是自然数"，则命题符号化为 $\forall x \forall y(N(x) \wedge N(y) \to F(x, y))$。

当然如果假设的是 $F(x, y)$ 代表"$x \geqslant y$"，则原命题就可以符号化为 $\forall x \forall y(N(x) \wedge N(y) \to F(x + y, y))$。

也就是说，在符号化时，允许把个体和运算符组成的式子，如 $x + y$、$x + 2$ 等作为个体，代入谓词命名的个体位上。对比例 2.3 和例 2.4，例 2.5 中的命题符号化后的谓词公式就比较复杂，描述的关系较多，而例 2.3 和例 2.4 主要集中在表示性质方面。对于例 2.5 谓词公式的形式，会在介绍谓词等值式、前束范式的内容时再次讲到。

注意：当含有量词的命题进行符号化时，需要注意以下几个方面。

(1) 如果原命题在讨论时，没有给出个体域的范围，那就当作全总个体域来讨论。

（2）即使不是选取全总个体域，也要考虑是否需要加入特性谓词，并且当需要加入时，要根据其前面的量词选取适当的时候加入。如在例 2.4 中可以写出不同量词的形式。

（3）当选取不同个体域时，命题符号化的形式有可能是不一样的。

（4）个体域和谓词含义确定之后，n 元谓词要转化为命题至少需要 n 个量词。

（5）当个体域为有限集时，如 $D=\{a_1,a_2,\cdots,a_n\}$，对任意谓词 $\forall xF(x)$ 都可以直接化为如下两组等值式

$$\forall xF(x) \Leftrightarrow F(a_1) \wedge F(a_2) \wedge \cdots \wedge F(a_n)$$

$$\exists xF(x) \Leftrightarrow F(a_1) \vee F(a_2) \vee \cdots \vee F(a_n)$$

（6）多个量词同时出现时，不能随意颠倒它们的顺序，否则将可能改变原命题的含义。

2.2　谓词公式及其解释

学习了谓词的定义及命题公式如何进行谓词符号化后，我们也可以观察到谓词公式的形式各不相同，同时我们也希望第 2 章提到的苏格拉底三段论能在谓词的相关演算和推理中得到永真的证明，因此先引入谓词公式相关的一些定义。

2.2.1　谓词公式的定义

定义 2.6　谓词逻辑中项的递归定义如下：

（1）个体常项和个体变项是项；

（2）若 $F(x_1,x_2,\cdots,x_n)$ 是任意 n 元函数，$t_1,t_2,\cdots,t_n$ 是项，则 $F(t_1,t_2,\cdots,t_n)$ 也是项，即项的 n 元函数仍是项；

（3）仅有有限次地使用(1)、(2)生成的符号串才是项，即项的有限次复合函数仍为项。

例如，个体常项 a,b,c 等都是项，个体变项 x,y,z 等都是项，函数 $f(x,y)=2x+y$，$f(x,a)=x-a$ 等形式的函数也都是项。

定义 2.7　设 $P(x_1,x_2,\cdots,x_n)$ 是任意的 n 元谓词，$t_1,t_2,\cdots,t_n$ 都是项，称 $P(t_1,t_2,\cdots,t_n)$ 为原子谓词公式，简称原子公式。

定义 2.8　谓词合式公式通常也简称为谓词公式或者合式公式，它指满足下列条件的公式：

（1）命题公式和原子公式是合式公式；

（2）若 A 是谓词公式，则 $\neg A$ 也是合式公式；

（3）若 A、B 是合式公式，则 $A \wedge B$、$A \vee B$、$A \rightarrow B$、$A \leftrightarrow B$ 也是合式公式；

（4）若 A 是合式公式，x 是 A 中的个体变项，则 $\forall xA$、$\exists xA$ 也是合式公式；

（5）仅有有限次应用(1)~(4)构成的符号串才是合式公式。

由上述定义可知，命题演算的合式公式也是谓词演算的合式公式。

诸如 $\forall x(D(x) \rightarrow M(x))$、$\exists x(M(x) \wedge F(x))$、$\exists x \exists y(M(x) \wedge G(x) \wedge F(x,y))$、$\forall xM(x) \rightarrow \exists y(G(y) \wedge F(x,y))$ 等都是合式公式。

定义 2.9　给定一个合式公式 A，在 $\forall xA$ 或 $\exists xA$ 中，称 x 为指导变项，称 A 为相应量词的辖域。若 x 出现在指导变项的量词的辖域之内，则称 x 的出现为约束出现，此时的

x 称为约束变项；若 x 的出现不是约束出现，则称 x 的出现为自由出现，此时的 x 称为自由变项。

量词辖域的确定方法如下：

(1) 若量词后有括号，则括号内的子公式就是该量词的辖域；

(2) 若量词后无括号，则与量词邻接的子公式为该量词的辖域。

如 $\forall x(D(x)\rightarrow M(x))$、$\exists x(M(x)\wedge F(x))$ 等，或者没有圆括号的一个原子谓词公式，如 $\forall xF(x)$、$\exists xF(x)$，称为相应量词的辖域。

例 2.6 指出下列公式的指导变项、量词的辖域、个体变项的自由出现和约束出现。

(1) $\forall x(D(x)\rightarrow M(x))$；

(2) $\exists x(M(x)\wedge F(x))$；

(3) $\exists x\exists y(M(x)\wedge G(x)\wedge F(x,y))$；

(4) $\forall xM(x)\rightarrow\exists y(G(y)\wedge F(x,y))$。

解：(1) 整个谓词公式只有一个量词 $\forall$，并且 $\forall x$ 后面紧跟一个括号，变项也只出现了 x。因此称 x 为 $(D(x)\rightarrow M(x))$ 的指导变项，$(D(x)\rightarrow M(x))$ 为 $\forall x$ 的辖域，其中 $D(x)$、$M(x)$ 中的 x 都是约束出现。

(2) 整个谓词公式只有一个量词 $\exists$，并且 $\exists x$ 后面紧跟一个括号，变项也只出现了 x。因此我们称 x 为 $(M(x)\wedge F(x))$ 的指导变项，$(M(x)\wedge F(x))$ 为 $\exists x$ 的辖域，其中 $F(x)$、$M(x)$ 中的 x 都是约束出现。

(3) 整个谓词公式只有一个量词 $\exists$，并且 $\exists x\exists y$ 后面紧跟一个括号，变项有 x 和 y。因此我们称 x 为 $(M(x)\wedge G(x)\wedge F(x,y))$ 的指导变项，y 为 $F(x,y)$ 的指导变项。$(M(x)\wedge G(x)\wedge F(x,y))$ 为 $\exists x$ 的辖域，$F(x,y)$ 为 $\exists y$ 的辖域，其中 $M(x)$、$G(x)$、$F(x,y)$ 中的 x 和 y 都是约束出现。

(4) 整个谓词公式有两个量词 $\forall$、$\exists$，并且 $\forall x$ 后面没有括号，x 是 $M(x)$ 的指导变项，$M(x)$ 是 $\forall x$ 的辖域，x 是约束出现。$\exists y$ 后紧跟一个括号，则 $(G(y)\wedge F(x,y))$ 是 $\exists y$ 的辖域，$\exists y$ 是其指导变项，y 是约束出现，x 是自由出现。

通过例 2.6 可知，在一个谓词公式中，量词可以出现在任何位置，某一同名的变项可以自由出现或约束出现。如 (4) 中 $\forall xM(x)\rightarrow\exists y(G(y)\wedge F(x,y))$ 的 x 就是这样的情况。

为了使研究更方便，不致引起混淆，同时也为了公式一目了然，对于表示不同意思的个体变项，可以用不同的变量符号来表示。规则如下。

(1) 约束变项的换名规则。

① 将量词辖域中出现的所有约束出现的个体变项及对应的指导变项，替换成另一个辖域中未曾出现过的个体变项符号，公式中其余部分不变，则所得公式与原来公式等值。其实质就是同名中约束变项的处理；

② 新的变项一定要有别于换名辖域中的所有其他变量。

(2) 自由变项的代入规则。

① 对某自由出现的个体变项用与原公式中所有个体变项符号不同的符号去代替，则所得公式与原来的公式等值，其实质就是同名中自由变项的处理；

② 新变项不允许在原公式中以任何约束形式出现。

例如,在例 2.6(4)中,对 $\forall x M(x) \rightarrow \exists y(G(y) \wedge F(x,y))$ 运用换名规则进行处理,会发现是针对 $\forall x M(x)$ 中的约束 x,因为这里的 x 和后面 $\exists y(G(y) \wedge F(x,y))$ 中自由的 x 同名。所以可以选用另一个符号 z 替代 $\forall x M(x)$ 中的 x,则利用换名规则后所得公式为

$$\forall z M(z) \rightarrow \exists y(G(y) \wedge F(x,y))$$

同理,在例 2.6(4)中,对 $\forall x M(x) \rightarrow \exists y(G(y) \wedge F(x,y))$ 运用代入规则进行处理,会发现是针对后面 $\exists y(G(y) \wedge F(x,y))$ 中自由的 x,因为这里的 x 与 $\forall x M(x)$ 中的约束 x 同名。所以可以选用另一个符号 z 替代 $\exists y(G(y) \wedge F(x,y))$ 中的 x,则利用代入规则后所得公式为

$$\forall x M(x) \rightarrow \exists y(G(y) \wedge F(z,y))$$

(3) 换名规则和代入规则的关系。

换名规则和代入规则的共同点都是不能改变原有的约束关系,但实施的对象不同、范围不同、实施后的结果不同。

① 施行的对象不同。换名规则是对约束变项施行;代入规则是对自由变项施行。

② 施行的范围不同。换名规则可以只对公式中的一个量词及其辖域施行,即只对公式的一个子公式施行;而代入规则必须对整个公式同一个自由变项的所有自由出现同时施行,即必须对整个公式施行。

③ 施行后的结果不同。换名后,公式含义不变,因为约束变项只改名成为另一个个体变项,约束关系不改变,约束变项不能换名为个体常量;代入后,不仅可用另一个个体变项进行代入,并且也可用个体常量去代入,从而使公式由具有普遍意义变为仅对该个体常量有意义,即公式的含义改变了。

以上处理基于谓词公式等值式,后面会详细介绍。

2.2.2　谓词公式的解释

在谓词公式中,只有当谓词公式中的各种变项用定义域中的常项代替并消去量词后展开(展开分全称量词的合取展开式和存在量词的析取展开式两种形式),才是零元谓词,也就是第 1 章讲到的命题。因此,一个谓词公式要构成命题,就必须给出其公式中有关量词的展开、谓词的解释、个体域的解释及相关函数构成项的解释。

定义 2.10　谓词逻辑中谓词公式 A 的每个解释(赋值)I 由以下 4 部分构成:

(1) 非空个体域 D。

(2) 公式 A 中的每个个体常项指定一个 D 中的特定元素。

(3) 公式 A 中的每个函数变项符号指定一个 D 上的函数。

(4) 公式 A 中的每个谓词变项符号指定一个 D 上的谓词。

在进行谓词公式解释的时候要注意不是所有的谓词公式都需要上面的解释,如谓词公式 $\forall x M(x)$,只需要指定个体变项 x 的定义域及谓词 $M(x)$ 的函数形式,该公式通过全称量词的消去展开后就变成了命题,其真假值就可以确定;如谓词公式 $\exists x M(a) \wedge F(x,g(x))$ 就需要指定个体 x 的定义域、个体常项 a、函数 $g(x)$ 及谓词 $M(x)$ 和 $F(x,g(x))$ 的函数形式,然后展开存在量词才可以转化成命题。

例 2.7 在解释 I 下，试确定谓词公式的真值。

给定解释 I 如下：

① 个体域 $D = N$；

② $a = 2$；

③ 函数 $f(x,y) = x + y$；$g(x,y) = xy$；

④ 谓词 $F(x,y)\ x = y$。

请解释如下公式：

(1) $\forall x F(g(x,a),x)$；

(2) $\forall x \forall y (F(f(x,a),y) \rightarrow F(f(y,a),x))$；

解：在解释 I 下，公式分别化为

(1) $\forall x F(g(x,a),x)$

$\Leftrightarrow \forall x F(g(x,2),x)$

$\Leftrightarrow \forall x F(2x,x)$

$\Leftrightarrow \forall x (2x = x)$

$\Leftrightarrow ((2 * 0 = 0) \wedge (2 * 1 = 1) \wedge (2 * 2 = 2) \wedge \cdots)$

$\Leftrightarrow 1 \wedge 0 \wedge 0 \wedge \cdots$

$\Leftrightarrow 0$

(2) $\forall x \forall y (F(f(x,a),y) \rightarrow F(f(y,a),x))$

$\Leftrightarrow \forall x \forall y (F(f(x,2),y) \rightarrow F(f(y,2),x))$

$\Leftrightarrow \forall x \forall y (F((x+2),y) \rightarrow F(f(y+2),x))$

$\Leftrightarrow \forall x \forall y ((x+2) = y) \rightarrow ((y+2) = x)$

$\Leftrightarrow 0$

注意：在解释的定义中，对一个公式 A 的一个解释 I，没有涉及自由变项的指定。事实上，若一个公式 A 中含有自由变项，而且不给出恰当的处理，则它还不是一个命题。要使一个含有自由变项的谓词公式 A 变为命题，对自由变项必须做如下一种处理：

(1) 一个谓词公式在具体解释下，可将自由变项看成常项加以指定。

(2) 对于确定的谓词，可以通过给个体变项加量词，使每个个体变项都受到约束，从而将谓词公式变成命题公式。

例如，谓词公式 $F(x)$：$x = 2$，个体域为整数集合，给 $F(x)$ 加上量词 $\exists x$，则 $\exists x F(x)$ 就是命题了。

2.2.3 谓词公式的分类

在谓词逻辑中，当谓词公式解释之后就变成了命题。第 1 章已经讨论过命题的相关公式，知道命题公式有可能是永真式、矛盾式及可满足式中的一种。同样，对于谓词公式而言，当变成命题公式后，其公式类型也会出现永真式、矛盾式及可满足式中的一种。下面给出谓词公式类型的定义。

定义 2.11 设 A 为一谓词公式，如果 A 在任何解释下都为真，则称公式 A 为逻辑有效式（或称永真式）；如果 A 在任何解释下都为假，则称 A 为矛盾式（或称永假式）；若 A 在

解释下至少存在一个真解释,则称 A 为可满足式。

目前,如何判断一个谓词公式的类型还没有一个可行的算法,但是有些特殊的公式是容易判断其可满足性。

定义 2.12 设 A_0 是含命题变项 $p_1, p_2, \cdots, p_n$ 的命题公式,$A_1, A_2, \cdots, A_n$ 是 n 个谓词公式,用 $A_i (1 \leqslant i \leqslant n)$ 处处代换 p_i,所得公式 A 称为 A_0 的代换实例。

可以证明:命题公式中的重言式的代换实例在谓词逻辑中都是逻辑有效式,或者称为重言式;命题公式中的矛盾式的代换实例仍为矛盾式。

例 2.8 判断下列公式中哪些是逻辑有效式,哪些是矛盾式?

(1) $\forall x F(x) \rightarrow \exists x F(x)$;

(2) $\forall x \exists y F(x, y) \rightarrow \exists x \forall y F(x, y)$;

(3) $\forall x F(x) \vee (\neg \forall x F(x))$;

(4) $\neg (F(x, y) \rightarrow G(x, y)) \wedge G(x, y)$.

解:(1) 设有任意解释 I,个体域为 D,若 $\forall x F(x)$ 为假,即存在 $x \in D$,使得 $\forall x F(x)$ 为假,无论 $\exists x F(x)$ 为真还是为假,谓词公式 $\forall x F(x) \rightarrow \exists x F(x)$ 都为真。

若 $\forall x F(x)$ 为真,即所有 $x \in D$,使得 $\forall x F(x)$ 为真,则 $\exists x F(x)$ 肯定为真,那么谓词公式 $\forall x F(x) \rightarrow \exists x F(x)$ 也为真。

因为解释 I 具有任意性,所以谓词公式为逻辑有效式。

(2) 取解释 I:①个体域为自然数集 $\mathbf{N}$;②$F(x, y)$ 为 $x = y$。

该公式整体是蕴涵式,蕴涵前件是 $\forall x \exists y (x = y)$,根据解释 I,前件为真,后件 $\exists x \forall y (x = y)$ 为假,所以在该解释下,该公式不是逻辑有效式。

再取解释 I:①个体域为自然数集合 $\mathbf{N}$;②$F(x, y)$ 为 $x \leqslant y$。

在该假设的解释下,其蕴涵的前后件均为真,该谓词公式整体也为真。所以该谓词公式既有真的解释,也有假的解释,其公式为可满足式。

(3) 利用定义 2.12,设 p 为 $\forall x F(x)$ 的代换实例,则原谓词公式就可以等值替换为 $p \vee \neg p$。因为 $p \vee \neg p$ 是永真式,所以原谓词公式为逻辑有效式。

(4) $\neg (F(x, y) \rightarrow G(x, y)) \wedge G(x, y)$ 公式看起来比较复杂,所以也利用定义 2.12,假设 p 为 $F(x, y)$ 的代换实例,q 为 $G(x, y)$ 的代换实例,则原谓词公式就被等值替换为 $\neg (p \rightarrow q) \wedge q$,因为 $\neg (p \rightarrow q) \wedge q$ 是矛盾式,所以原谓词公式也为矛盾式。

定理 2.1(代入规则) 设 A 为逻辑有效式,x 为 A 中的自由变项;t 为个体项,且 t 中的自由变项都不是 A 中的约束变项。将 A 中所有出现的 x 全部代换为 t,得 A 的代入实例,记作 B,则 B 也是逻辑有效式。

因为 A 为逻辑有效式,它的取值与式中个体变项的取值无关,所以代入实例仍为逻辑有效式。

例如,设个体域 $D = \{1, 2, 3\}$,公式 $\exists y (x \neq y)$ 为逻辑有效式,代入其中的 x,只要代入的个体项 t 中不含变项 y,所得公式 $y(x \neq y)$ 仍为逻辑有效式。

从上述定义可知三种特殊公式之间的关系:

(1) 有效式 A 的否定 $\neg A$ 为矛盾式;矛盾式 A 的否定 $\neg A$ 为有效式。

(2) 有效式一定为可满足式。

2.3 谓词公式之间的关系与范式表示

在谓词公式中包含命题变项与个体变项。当个体变项用确定的个体取代,命题变项用确定的命题取代时,其本质就是对谓词公式赋值,赋值后的谓词公式就成为有确定真值的命题。

2.3.1 谓词公式之间的关系

定义 2.13 设 A、B 是谓词逻辑中的两个谓词公式,若 $A \leftrightarrow B$ 为逻辑有效式,则称 A 与 B 是等值的,记作 $A \Leftrightarrow B$,称 $A \Leftrightarrow B$ 为等值式。

由于重言式及其代换实例都是逻辑有效式,因此命题逻辑中所提到的等值式及其代换实例都是谓词逻辑中的等值式。

例 2.9 (1) 设公式 $P(x) \rightarrow Q(x)$ 与 $\neg P(x) \vee Q(x)$ 有共同的个体域,显然对于 $P(x) \rightarrow Q(x)$ 与 $\neg P(x) \vee Q(x)$ 的个体变项 x 赋予个体域中的任意值,两个公式的真值均是相同的,所以 $(P(x) \rightarrow Q(x)) \leftrightarrow (\neg P(x) \vee Q(x))$,即 $(P(x) \rightarrow Q(x)) \Leftrightarrow (\neg P(x) \vee Q(x))$。

(2) 设公式 $\forall x(P(x) \rightarrow Q(x))$ 与 $\forall x(\neg P(x) \vee Q(x))$ 有共同的个体域,根据例 2.9 (1),容易理解 $\forall x(P(x) \rightarrow Q(x)) \leftrightarrow \forall x(\neg P(x) \vee Q(x))$,即 $\forall x(P(x) \rightarrow Q(x)) \Leftrightarrow \forall x(\neg P(x) \vee Q(x))$。

(3) 容易理解命题公式 $p \leftrightarrow p \wedge p$ 等价,其谓词代换实例 $\forall x P(x) \leftrightarrow (\forall x P(x) \wedge \forall x P(x))$ 等价,所以有 $\forall x P(x) \Leftrightarrow (\forall x P(x) \wedge \forall x P(x))$。

(4) $\forall x P(x) \rightarrow \exists x Q(x)$ 与 $\neg \forall x P(x) \vee \exists x Q(x)$ 等价,即有 $A \rightarrow B \Leftrightarrow \neg A \vee B$,也是等值的。

通过例 2.9 会发现,应用换名规则和代入规则,所得公式与原来的公式仍然是等值的。在谓词公式中我们同样也使用置换规则,即 $\Gamma(A)$ 是含公式 A 的命题公式,$\Gamma(B)$ 是用公式 B 置换了 $\Gamma(A)$ 中的 A 之后得到的命题公式,如果 $A \Leftrightarrow B$,则 $\Gamma(A) \Leftrightarrow \Gamma(B)$。

1. 命题公式在谓词公式中的推广

在命题公式中,任意永真式中的同一命题变项,用同一公式取代时,结果仍然是永真式。将此种情况推广到谓词公式中,当用谓词演算的公式代替命题演算中永真式的变项时,所得的谓词公式即逻辑有效式。故命题演算中的等值式和蕴涵式均可推广到谓词演算中使用。

例 2.10 在命题逻辑中,$p \rightarrow q \Leftrightarrow \neg p \vee q$ 等命题等值式可推广到谓词等值式中。

如 $p \rightarrow q \Leftrightarrow \neg p \vee q$ 可推广为 $\forall x P(x) \rightarrow \exists x Q(x) \Leftrightarrow \neg \forall x P(x) \vee \exists x Q(x)$,

$p \rightarrow q \Leftrightarrow \neg p \vee \neg q$ 可推广为 $\forall x P(x) \vee \exists x Q(x) \Leftrightarrow \neg(\neg \forall x P(x) \wedge \neg \exists x Q(x))$。

2. 量词与联结词 $\neg$ 间的关系

量词与联结词 $\neg$ 存在着一定的逻辑关系。

定理 2.2 若 $A(x)$ 是任意的公式,则有如下量词否定等值式:

(1) $\neg \forall x A(x) \Leftrightarrow \exists x \neg A(x)$;

(2) $\neg \exists x A(x) \Leftrightarrow \forall x \neg A(x)$。

对于 $\neg \forall x A(x) \Leftrightarrow \exists x \neg A(x)$ 中的 $\neg \forall x A(x)$,可以理解为"并非所有的 x 都有 $A(x)$

成立",$\exists x \neg A(x)$ 可以理解为"存在 x 使得 $A(x)$ 不成立"。显然,这两种表述的逻辑含义是相同的。

对于 $\neg \exists x A(x) \Leftrightarrow \forall x \neg A(x)$ 中的 $\neg \exists x A(x)$,可以理解为"并非存在 x 使得 $A(x)$ 成立",$\forall x \neg A(x)$ 可以理解为"对于所有的 x 都有 $A(x)$ 不成立"。显然,这两种表述的逻辑含义也是相同的。

对于有限个体域,可以给出以上两个等值式的逻辑证明。如设有限个体域 $D = \{a_1, a_2, \cdots, a_n\}$,则可验证定理 2.2 的两个等值式。

(1) $\neg \forall x A(x) \Leftrightarrow \neg(A(a_1) \wedge A(a_2) \wedge \cdots \wedge A(a_n))$

$\Leftrightarrow \neg A(a_1) \vee \neg A(a_2) \vee \cdots \vee \neg A(a_n)$

$\Leftrightarrow \exists x \neg A(x)$

(2) $\neg \exists x A(x) \Leftrightarrow \neg(A(a_1) \vee A(a_2) \vee \cdots \vee A(a_n))$

$\Leftrightarrow \neg A(a_1) \wedge \neg A(a_2) \wedge \cdots \wedge \neg A(a_n)$

$\Leftrightarrow \forall x \neg A(x)$

3. 量词辖域的收缩和扩张

在谓词公式中,改变量词的辖域可能会改变谓词公式的逻辑含义,但有些辖域的改变方式却不会改变谓词公式的逻辑含义。

对于包含 $\wedge$、$\vee$ 与 $\rightarrow$ 联结词的谓词公式,有一些对量词辖域进行扩张与收缩后,公式的逻辑含义不变的等值式。

定理 2.3 量词辖域收缩与扩张等值式:

(1) 量词辖域的收缩

① $\forall x(A(x) \vee B) \Leftrightarrow \forall x A(x) \vee B$;

② $\forall x(A(x) \wedge B) \Leftrightarrow \forall x A(x) \wedge B$;

③ $\exists x(A(x) \vee B) \Leftrightarrow \exists x A(x) \vee B$;

④ $\exists x(A(x) \wedge B) \Leftrightarrow \exists x A(x) \wedge B$。

(2) 量词辖域的扩张

① $\forall x A(x) \rightarrow B \Leftrightarrow \exists x(A(x) \rightarrow B)$;

② $\exists x A(x) \rightarrow B \Leftrightarrow \forall x(A(x) \rightarrow B)$;

③ $B \rightarrow \forall x A(x) \Leftrightarrow \forall x(B \rightarrow A(x))$;

④ $B \rightarrow \forall x A(x) \Leftrightarrow \exists x(B \rightarrow A(x))$。

以上各公式中,$A(x)$ 是含 x 自由出现的任意公式,而 B 中不含 x 的出现。

当个体域 $D = \{a_1, a_2, \cdots, a_n\}$ 时,以上各公式很容易进行验证。如验证(1)中的①。

$\forall x(A(x) \vee B) \Leftrightarrow (A(a_1) \vee B) \wedge (A(a_2) \vee B) \wedge \cdots \wedge (A(a_n) \vee B)$

$\Leftrightarrow (A(a_1) \wedge A(a_2) \wedge \cdots \wedge A(a_n)) \vee B$

$\Leftrightarrow \forall x A(x) \vee B$

4. 量词与命题联结词 $\wedge$、$\vee$ 之间的一些等值式

量词与命题联结词 $\wedge$、$\vee$ 之间的等值式主要是 $\wedge$ 对 $\vee$ 的分配及 $\vee$ 对 $\wedge$ 的分配。

定理 2.4　量词分配等值式：

(1) $\forall x(A(x)\wedge B)\Leftrightarrow \forall xA(x)\wedge \forall xB(x)$；

(2) $\exists x(A(x)\vee B(x))\Leftrightarrow \exists xA(x)\vee \exists xB(x)$。

对于上面的两个等值式，其中一个成立则另一个也成立。

例 2.11　求证：若 $\forall x(A(x)\wedge B(x))\Leftrightarrow \forall xA(x)\wedge \forall xB(x)$ 成立，则 $\exists x(A(x)\vee B(x))\Leftrightarrow \exists xA(x)\vee \exists xB(x)$ 也成立。

证明：已知 $\forall x(A(x)\wedge B(x))\Leftrightarrow \forall xA(x)\wedge \forall xB(x)$ 成立，即 $\forall x(\neg A(x)\wedge \neg B(x))\Leftrightarrow \forall x\neg A(x)\wedge \forall x\neg B(x)$ 成立。

由 $\neg\exists x(A(x)\vee B(x))\Leftrightarrow \neg((\exists xA(x)\vee \exists xB(x)))$，可得

$\exists x(A(x)\vee B(x))\Leftrightarrow \exists xA(x)\vee \exists xB(x)$。

5. 量词与命题联结词之间的一些蕴涵式

量词与命题联结词之间的一些蕴涵式主要有：

(1) $\forall xA(x)\vee \forall xB(x)\Rightarrow \forall x(A(x)\vee B(x))$；

(2) $\exists x(A(x)\wedge B(x))\Rightarrow \exists xA(x)\wedge \exists xB(x)$；

(3) $\forall x(A(x)\rightarrow B(x))\Rightarrow \forall xA(x)\rightarrow \forall xB(x)$；

(4) $\forall x(A(x)\leftrightarrow B(x))\Rightarrow \forall xA(x)\leftrightarrow \forall xB(x)$。

6. 多个量词的使用

若公式中存在多个量词，对于二元谓词，若不考虑自由变项，则公式中量词的出现可以有 8 种情况：

$$\forall x\forall yA(x,y),\forall y\forall xA(x,y),\exists x\exists yA(x,y),\exists y\exists xA(x,y)$$
$$\forall x\exists yA(x,y),\exists y\forall xA(x,y),\forall y\exists xA(x,y),\exists x\forall yA(x,y)$$

对于公式中存在多个量词的情况，也有一些等价公式与蕴涵式成立。这里所列的为公式中具有两个量词的情形，更多的量词类似可推。

$$\forall x\forall yA(x,y)\Leftrightarrow \forall y\forall xA(x,y)$$
$$\exists x\exists yA(x,y)\Leftrightarrow \exists y\exists xA(x,y)$$
$$\forall x\forall yA(x,y)\Leftrightarrow \exists y\forall xA(x,y)$$
$$\forall y\forall xA(x,y)\Leftrightarrow \exists x\forall yA(x,y)$$
$$\exists y\forall xA(x,y)\Leftrightarrow \forall x\exists yA(x,y)$$
$$\exists x\forall yA(x,y)\Leftrightarrow \forall y\exists xA(x,y)$$
$$\forall x\exists yA(x,y)\Leftrightarrow \exists y\exists xA(x,y)$$
$$\forall y\exists xA(x,y)\Leftrightarrow \exists x\exists yA(x,y)$$

注意：不同量词间的次序是不可随意变更的。

2.3.2　范式

在命题演算中，可将公式化成范式，谓词演算也有类似。谓词逻辑也有范式，范式为研究谓词逻辑公式提供了一种规范化的标准公式。

在谓词逻辑中,一般有两种范式,一种叫前束范式,另一种叫斯科伦范式。其中,前束范式与原公式是等值的,而斯科伦范式与原公式只有较弱的关系。本书只介绍前束范式。

定义 2.14　一个公式,如果量词均在公式的前面,其辖域延伸至整个公式的末尾,则该公式称为前束范式。

前束范式形式可记为 $Q_1 x_1 Q_2 x_2 \cdots Q_k x_k B$。其中,$Q_i (1 \leqslant i \leqslant k)$ 为 $\forall$ 或者 $\exists$,B 为不含量词的公式。

例如,$\forall x \exists y (F(x) \rightarrow (G(y) \wedge H(x,y)))$、$\forall x \neg (F(x) \wedge G(x))$ 是前束范式,而 $\forall x (F(x) \rightarrow \exists y (G(y) \wedge H(x,y)))$、$\neg \exists x (F(x) \wedge G(x))$ 不是前束范式。

定理 2.5　前束范式存在定理:

一阶逻辑中的任何公式都存在与之等值的前束范式。

注意:公式的前束范式不唯一。求公式前束范式的方法为:利用重要等值式、置换规则、换名规则、代入规则进行等值演算,这些规则在前面已经介绍。

设 A 是任意公式,通过下述步骤可将其转化为与之等值的前束范式:

(1) 消去公式中包含的联结词 $\rightarrow$、$\leftrightarrow$;

(2) 反复运用德摩根律,直接将 $\neg$ 内移到原子谓词公式的前端;

(3) 使用谓词的等价公式将所有量词提到公式的最前端。

例 2.12　求公式 $\forall x F(x) \wedge \neg \exists x G(x)$ 的前束范式。

解:$\forall x F(x) \wedge \neg \exists x G(x)$

$\Leftrightarrow \forall x F(x) \wedge \forall x \neg G(x)$　　　　（量词否定等值式）

$\Leftrightarrow \forall x (F(x) \wedge \neg G(x))$　　　　（量词分配等值式）

还有另一种形式

$\forall x F(x) \wedge \neg \exists x G(x)$

$\Leftrightarrow \forall x F(x) \wedge \forall x \neg G(x)$

$\Leftrightarrow \forall x F(x) \wedge \forall y \neg G(y)$　　　　（换名规则）

$\Leftrightarrow \forall x \forall y (F(x) \wedge \neg G(y))$　　　　（量词辖域扩张）

两种形式是等值的。

前束范式的优点在于它的量词全部集中在公式的前面,这部分叫作公式的首标;而公式的其余部分实际上是一个命题逻辑公式,叫作公式的尾部(或因式)。但前束范式也有缺点,即首标杂乱无章,全称量词域中量词间的排列无一定规则。

定义 2.15　在前束范式 $Q_1 x_1 Q_2 x_2 \cdots Q_k x_k B$ 中,如果 B 是合取范式(析取范式),则称这个前束范式为前束合取(析取)范式。

由定义 2.15 可知,若求一个谓词公式的前束合取范式或前束析取范式,只需先求出前束范式,然后按照要求将前束范式转换为合取或析取范式即可。

2.4　谓词演算的推理理论

谓词演算的推理方法可看作命题演算推理方法的扩张。命题演算的推理规则在谓词演算的推理理论中可用。

在谓词推理中,前提与结论可能受量词的限制,为此,在使用等价式与蕴涵式时,如果能够采用合理的方法来添加或消去公式中的量词,则可以将谓词演算中的推理过程按照类似于命题演算中使用的推理过程来进行,并且可以方便地使用命题演算中的一些等价式与蕴涵式以及推理规则等。

2.4.1 推理规则

在谓词逻辑中,推理结构仍为 $A_1 \wedge A_2 \wedge \cdots \wedge A_k \to B$。若该式为逻辑有效式,则推理正确,称 B 是 $A_1 \wedge A_2 \wedge \cdots \wedge A_k$ 的逻辑结论,记作 $A_1 \wedge A_2 \wedge \cdots \wedge A_k \Rightarrow B$,此时称 $A_1 \wedge A_2 \wedge \cdots \wedge A_k \Rightarrow B$ 为逻辑有效蕴涵式。

逻辑有效蕴涵式称为推理定律。命题逻辑中的重言蕴涵式在谓词逻辑中的代换实例都可以作为推理定律。主要有以下三组。

第一组,命题逻辑推理定律代换实例。

例如,$\forall x F(x) \wedge \exists y G(y) \Rightarrow \forall x F(x)$ 为化简律代换实例。

第二组,由基本等值式生成。

例如,由 $\neg \forall x A(x) \Leftrightarrow \exists x \neg A(x)$ 生成 $\neg \forall x A(x) \Rightarrow \exists x \neg A(x)$,$\exists x \neg A(x) \Rightarrow \neg \forall x A(x)$。

第三组,量词分配等值式。

$\forall x A(x) \vee \forall x B(x) \Rightarrow \forall x (A(x) \vee B(x))$,

$\exists x (A(x) \wedge B(x)) \Rightarrow \exists x A(x) \wedge \exists x B(x)$。

推理定律对应的推理规则详见 1.5.3 节。

按照逻辑推理的论证方法,在谓词公式中添加与消去量词的新规则有如下 4 条。

(1) 全称量词的消去规则(US 规则),即

$$\frac{\forall x F(x)}{F(c)}$$

其中,F 是谓词,c 为辖域中某个任意的个体。

此规则是对量词约束的变项指定一个个体,其逻辑含义是,如果 $\forall x F(x)$ 成立,则可以任取辖域中某个任意的个体 c,而 $F(c)$ 也是成立的。

或者为

$$\frac{\forall x F(x)}{F(y)}$$

其中,F 是谓词,y 为辖域中不在 $F(x)$ 中约束出现的个体变项。

此规则用于辖域中不在 $F(x)$ 中约束出现的个体变项,其逻辑含义是,如果 $\forall x F(x)$ 成立,则可以任取辖域中不在 $F(x)$ 中约束出现的个体变项 y,而 $F(y)$ 也是成立的。

(2) 全称量词的引入规则(UG 规则),即

$$\frac{F(y)}{\forall x F(x)}$$

其中,F 是谓词,y 是辖域中任意一个不受限制的个体。

此规则是对使谓词 F 成立的个体 y 进行推广,其逻辑含义是,如果对于辖域中任意一个个体 y 成立,均有 $F(y)$ 成立,则 $\forall x F(x)$ 也成立。

（3）存在量词的消去规则（ES 规则），即

$$\frac{\exists xF(x)}{F(c)}$$

其中，F 是谓词，c 是辖域中的某些个体。

在应用存在量词消去规则后，其指定的个体 c 不是任意的，而是有所指。

此规则是对量词约束的变项指定一个存在的个体，其逻辑含义是，如果 $\exists xF(x)$ 成立，则辖域中存在某个个体使 $F(c)$ 成立。

（4）存在量词的引入规则（EG 规则），即

$$\frac{F(c)}{\exists xF(x)}$$

其中，F 是谓词，c 是辖域中任意某个使 $F(x)$ 成立的个体。

此规则是对使谓词 F 成立的个体 c 进行推广，其逻辑含义是，如果辖域中存在某个个体 c 使 $F(c)$ 成立，则 $\exists xF(x)$ 也成立。

US 和 ES 主要用于推导过程中的量词消去，一旦消去了量词，就可以像命题演算一样完成推导过程，从而获得相应的结论。UG 和 EG 主要用于使结论呈量化形式。特别要注意，使用 ES 产生的自由变项不能保留在结论中，因而它是暂时的假设，在推到结束之前必须使用 EG 使之成为约束变项。

2.4.2　推理规则实例

在谓词演算推理的过程中需要特别注意，使用推理规则的条件非常重要，如果在使用过程中违反了这些条件就可能导致错误的结论。常用的证明方法有直接证明法和间接证明法，其中间接证明法分为反证法和附加前提证明法。

例 2.13　用直接证明法证明苏格拉底三段论：所有人都要死；苏格拉底是人，所以苏格拉底会死。

证明：设 $F(x)$：x 是人。

$G(x)$：x 是要死的。

a：苏格拉底。

前提：$\forall x(F(x) \rightarrow G(x))$，$F(a)$。

结论：$G(a)$。

① $\forall x(F(x) \rightarrow G(x))$　　　　　　　　前提引入

② $F(a) \rightarrow G(a)$　　　　　　　　　　　　T①US

③ $F(a)$　　　　　　　　　　　　　　　　　前提引入

④ $G(a)$　　　　　　　　　　　　　　　　　T②③假言推理

例 2.14　乌鸦都不是白色的；北京鸭是白色的；因此，北京鸭不是乌鸦。

证明：设 $F(x)$：x 是乌鸦。

$G(x)$：x 是北京鸭。

$H(x)$：x 是白色的。

前提：$\forall x(F(x) \rightarrow \neg H(x))$，$\forall x(G(x) \rightarrow H(x))$。

结论：$\forall x(G(x) \to \neg F(x))$。

① $\forall x(F(x) \to \neg H(x))$	前提引入
② $F(y) \to \neg H(y)$	T①US
③ $\forall x(G(x) \to H(x))$	前提引入
④ $G(y) \to H(y)$	T③US
⑤ $\neg H(y) \to \neg G(y)$	T④置换
⑥ $F(y) \to \neg G(y)$	T②⑤假言三段论
⑦ $G(y) \to \neg F(y)$	T⑥置换
⑧ $\forall x(G(x) \to \neg F(x))$	T⑦UG

例 2.15　构造下述推理证明。

前提：$\forall x(F(x) \to G(x))$，$\exists x F(x)$。

结论：$\exists x G(x)$。

证明： ① $\exists x F(x)$	前提引入
② $\forall x(F(x) \to G(x))$	前提引入
③ $F(c)$	①ES
④ $F(c) \to G(c)$	②US
⑤ $G(c)$	③④假言推理
⑥ $\exists x G(x)$	⑤EG

例 2.16　构造下述推理证明。

前提：$\exists x F(x) \to \forall x G(x)$。

结论：$\forall x(F(x) \to G(x))$。

证明： ① $\exists x F(x) \to \forall x G(x)$	前提引入
② $\forall x \forall y(F(x) \to G(y))$	①置换
③ $\forall x(F(x) \to G(z))$	②US
④ $F(z) \to G(z)$	③US
⑤ $\forall x(F(x) \to G(x))$	④UG

说明：不能对 $\exists x F(x) \to \forall x G(x)$ 消量词，因为它不是前束范式。本例不能用附加前提证明法。

例 2.17　构造下述推理证明。

前提：$\forall x(F(x) \to G(x))$。

结论：$\forall x F(x) \to \forall x G(x)$。

证明： ① $\forall x F(x)$	附加前提引入
② $F(y)$	①US
③ $\forall x(F(x) \to G(x))$	前提引入
④ $F(y) \to G(y)$	③US
⑤ $G(y)$	②④假言推理
⑥ $\forall x G(x)$	⑤UG

说明：本例可以使用附加前提证明法。

例 2.18 构造下列推理证明。

前提：$\forall x \neg Q(x), \forall x(\neg P(x) \rightarrow Q(x))$。

结论：$\exists x P(x)$。

证明：① $\forall x \neg Q(x)$ P

② $\neg Q(y)$ T①US

③ $\forall x(\neg P(x) \rightarrow Q(x))$ P

④ $\neg P(y) \rightarrow Q(y)$ T③US

⑤ $P(y)$ T②④析取

⑥ $\exists x P(x)$ T⑤EG

例 2.19 构造下列推理证明。

前提：$\neg \forall x(P(x) \vee Q(x)), \forall x P(x)$。

结论：$\neg \forall x Q(x)$。

证明：① $\neg \forall x(P(x) \vee Q(x))$ P

② $\exists x(\neg P(x) \wedge \neg Q(x))$ T①量词否定,德摩根律

③ $\neg P(c) \wedge \neg Q(c)$ T②ES

④ $\forall x Q(x)$ P 否定结论引入

⑤ $Q(c)$ T④US

⑥ $\neg Q(c)$ T③化简

⑦ $Q(c) \wedge \neg Q(c)$ T⑤⑥合取

由⑦得到矛盾,在使用间接证明法,原命题得证。

例 2.20 将下列命题进行谓词符号化处理,并证明其结论。

(1) 有些公民相信所有的警察。任何一个公民都不相信骗子。所以,警察不是骗子。

设 $M(x)$：x 是公民。

$N(x)$：x 是警察。

$F(x)$：x 是骗子。

$R(x,y)$：x 相信 y。

前提：$\exists x(M(x) \wedge \forall y(N(y) \rightarrow R(x,y))), \forall x(M(x) \rightarrow \forall y(F(y) \rightarrow \neg R(x,y)))$。

结论：$\forall x(N(x) \rightarrow \neg F(x))$。

证明：① $\exists x(M(x) \wedge \forall y(N(y) \rightarrow R(x,y)))$ P

② $M(c) \wedge \forall y(N(y) \rightarrow R(c,y))$ T①ES

③ $M(c)$ T②化简

④ $\forall x(M(x) \rightarrow \forall y(F(y) \rightarrow \neg R(x,y)))$ P

⑤ $M(c) \rightarrow \forall y(F(y) \rightarrow \neg R(c,y))$ T④US

⑥ $\forall y(F(y) \rightarrow \neg R(c,y))$ T③⑤假言推理

⑦ $F(d) \rightarrow \neg R(c,d)$ T⑥US

⑧ $\forall y(N(y) \rightarrow R(c,y))$ T②化简

⑨ $N(d) \rightarrow R(c,d)$ T⑧US

⑩ $R(c,d) \rightarrow \neg F(d)$ T⑦假言易位

⑪ $N(d) \rightarrow \neg F(d)$	T⑨⑩假言三段论
⑫ $\forall x(N(x) \rightarrow \neg F(x))$	T⑪UG

(2) 每个学术会的成员都是工人,并且是专家。有些成员是青年人。所以有些成员是青年专家。

解：设 $M(x)$：x 是学术会成员。

$N(x)$：x 是工人。

$R(x)$：x 是专家。

$Q(x)$：x 是青年人。

前提：$\forall x(M(x) \rightarrow (N(x) \wedge R(x)))$，$\exists x(M(x) \wedge Q(x))$。

结论：$\exists x(M(x) \wedge Q(x) \wedge R(x))$。

证明：	① $\exists x(M(x) \wedge Q(x))$	P
	② $M(c) \wedge Q(c)$	T①ES
	③ $\forall x(M(x) \rightarrow (N(x) \wedge R(x)))$	P
	④ $M(c) \rightarrow (N(c) \wedge R(c))$	T③US
	⑤ $M(c)$	T②化简
	⑥ $N(c) \wedge R(c)$	T④⑤假言推理
	⑦ $R(c)$	T⑥化简
	⑧ $M(c) \wedge Q(c) \wedge R(c)$	T②⑦合取
	⑨ $\exists x(M(x) \wedge Q(x) \wedge R(x))$	T⑧EG

2.5　例 题 解 析

例 2.21　符号化下列命题。

(1) 4 是偶数。

解：4 是个体常项,"是偶数"是谓词常项。

设 $F(x)$：x 是偶数。

则命题符号化为

$$F(4)$$

(2) 小王和小李同岁。

解：小王、小李是个体常项,同岁是谓词常项。

设 $G(x,y)$：x 与 y 同岁。

a：小王,b：小李。

则命题符号化为

$$G(a,b)$$

(3) $x < y$。

解：x,y 是命题变项,$<$ 是谓词常项。

设 $L(x,y)$：x 小于 y。

则命题符号化为

$$L(x, y)$$

(4) x 具有性质 P。

解：x 是命题变项，P 是谓词变项。

设 $P(x)$：x 具有性质 P。

则命题符号化为

$$P(x)$$

例 2.22　将下列命题符号化，并讨论其真值。

(1) 对任意的 x，均有 $x^2 - 3x + 2 = (x-1)(x-2)$。

(2) 存在 x，使得 $x + 5 = 3$。

分别取(a)个体域 $D_1 = \mathbf{N}$，(b)个体域 $D_2 = \mathbf{R}$。

解：设 $F(x)$：$x^2 - 3x + 2 = (x-1)(x-2)$。

$G(x)$：$x + 5 = 3$。

(a) (1) $\forall x F(x)$　　　　　真值为 1

　　(2) $\exists x G(x)$　　　　　真值为 0

(b) (1) $\forall x F(x)$　　　　　真值为 1

　　(2) $\exists x G(x)$　　　　　真值为 1

例 2.23　将下列命题符号化。

(1) 兔子比乌龟跑得快。

(2) 有的兔子比所有的乌龟跑得快。

(3) 并不是所有的兔子都比乌龟跑得快。

(4) 不存在跑得一样快的兔子和乌龟。

解：取个体域为全总个体域。

设 $F(x)$：x 是兔子。

$G(y)$：y 是乌龟。

$H(x, y)$：x 比 y 跑得快。

$L(x, y)$：x 和 y 跑得一样快。

(1) $\forall x \forall y (F(x) \wedge G(y) \rightarrow H(x, y))$。

(2) $\exists x (F(x) \wedge (\forall y (G(y) \rightarrow H(x, y))))$。

(3) $\neg \forall x \forall y (F(x) \wedge G(y) \rightarrow H(x, y))$。

(4) $\neg \exists x \exists y (F(x) \wedge G(y) \wedge L(x, y))$。

注意：(1) 一元谓词和多元谓词的使用。

(2) 全称量词和存在量词的区别。

(3) 多个量词出现时，不能随意交换顺序。

例如，在个体域 $\mathbf{R}$ 中，设 $H(x, y)$：$x + y = 10$。

则 $\forall x \exists y H(x, y)$　　　　　真值为 1

$\exists y \forall x H(x,y)$ 真值为 0

(4) 命题的符号化不唯一。

例 2.24 指出公式 $\forall x(F(x,y) \to \exists y G(x,y,z))$ 中的变元是约束出现还是自由出现？

解：$\forall x$ 的辖域：$(F(x,y) \to \exists y G(x,y,z))$，指导变项为 x。

$\exists y$ 的辖域：$G(x,y,z)$，指导变项为 y。

x 的两次出现均为约束出现；y 的第一次出现为自由出现，第二次出现为约束出现；z 为自由出现。

例 2.25 指出公式 $\forall x(F(x) \to \exists x G(x))$ 中的变元是约束出现还是自由出现？

解：$\forall x$ 的辖域：$(F(x) \to \exists x G(x))$，指导变项为 x。

$\exists x$ 的辖域：$G(x)$，指导变项为 x。

x 的两次出现均为约束出现。但是，第一次出现的 x 是 $\forall x$ 中的 x，第二次出现的 x 是 $\exists x$ 中的 x。

例 2.26 根据指定的个体域判定公式 $\forall x(F(x) \to G(x))$ 是真命题还是假命题？

解：指定一个体域：全总个体域。

设 $F(x)$：x 是人。

$G(x)$：x 是黄种人。

公式 $\forall x(F(x) \to G(x))$ 为假命题。

指定两个体域：实数集。

设 $F(x)$：$x > 10$。

$G(x)$：$x > 0$。

公式 $\forall x(F(x) \to G(x))$ 为真命题。

例 2.27 根据指定的个体域判定公式 $\exists x F(x,y)$ 中 y 的值。

解：指定个体域：自然数集。

设 $F(x,y)$：$x = y$。

公式 $\exists x F(x,y)$ 中 y 的值为 0。

例 2.28 消去下列公式中既约束出现又自由出现的个体变项。

(1) $\forall x F(x,y,z) \to \exists y G(x,y,z)$。

(2) $\forall x(F(x,y) \to \exists y G(x,y,z))$。

解：(1) $\forall x F(x,y,z) \to \exists y G(x,y,z)$

$\Leftrightarrow \forall u F(u,y,z) \to \exists y G(x,y,z)$ 换名规则

$\Leftrightarrow \forall u F(u,y,z) \to \exists v G(x,v,z)$ 换名规则

(2) $\forall x(F(x,y) \to \exists y G(x,y,z))$

$\Leftrightarrow \forall x(F(x,y) \to \exists t G(x,t,z))$ 换名规则

例 2.29 设个体域 $D = \{a,b,c\}$，消去下面公式中的量词：

(1) $\forall x(F(x) \to G(x))$

$\Leftrightarrow (F(a) \to G(a)) \wedge (F(b) \to G(b)) \wedge (F(c) \to G(c))$

(2) $\forall x(F(x) \vee \exists yG(y))$

$\Leftrightarrow \forall xF(x) \vee \exists yG(y)$ 量词辖域收缩

$\Leftrightarrow (F(a) \wedge F(b) \wedge F(c)) \vee (G(a) \vee G(b) \vee G(c))$

例 2.30 用零元谓词将命题"墨西哥位于北美洲"符号化。

要求：先将命题在命题逻辑中符号化，再在谓词逻辑中符号化。

解：在命题逻辑中，

设 p：墨西哥位于北美洲。

命题符号化为 p，这是真命题。

在谓词逻辑中，

设 a：墨西哥，

$F(x)$：x 位于北美洲。

命题符号化为 $F(a)$。

例 2.31 在谓词逻辑中将下面命题符号化。

(1) 人都爱美。

(2) 有人用左手写字。

分别取(a)D 为人类集合，(b)D 为全总个体域。

解：(a)(1) 设 $G(x)$：x 爱美。

命题符号化为 $\forall xG(x)$。

(2) 设 $G(x)$：x 用左手写字。

命题符号化为 $\exists xG(x)$。

(b) 设 $F(x)$：x 为人。

$G(x)$：x 爱美。

(1) 命题符号化为 $\forall x(F(x) \rightarrow G(x))$。

(2) 命题符号化为 $\exists x(F(x) \wedge G(x))$。

这是两个基本公式，注意这两个基本公式的使用。

例 2.32 在谓词逻辑中将下面命题符号化。

(1) 正数都大于负数。

(2) 有的无理数大于有的有理数。

解：在本题中，没指定个体域，因而取个体域为全总个体域。

(1) 设 $F(x)$：x 为正数。

$G(y)$：y 为负数。

$L(x,y)$：$x > y$。

$\forall x(F(x) \rightarrow \forall y(G(y) \rightarrow L(x,y)))$

或

$\forall x \forall y(F(x) \wedge G(y) \rightarrow L(x,y))$

两者等值。

（2）设 $F(x)$：x 是无理数。

$G(y)$：y 是有理数。

$L(x,y)$：$x>y$。

$\exists x(F(x) \wedge \exists y(G(y) \wedge L(x,y)))$

或

$\exists x \exists y(F(x) \wedge G(y) \wedge L(x,y))$

两者等值。

例 2.33　符号化下列命题,并进行推理证明。

舞蹈家会跳舞。书法家不会跳舞。所以书法家不是舞蹈家。

解：设 $M(x)$：x 是舞蹈家；$N(x)$：x 是书法家,$F(x)$：x 会跳舞。

前提：$\forall x(M(x) \rightarrow F(x))$,$\forall x(N(x) \rightarrow \neg F(x))$

结论：$\forall x(N(x) \rightarrow \neg M(x))$

证明：① $\forall x(N(x) \rightarrow \neg F(x))$　　　　　　　P

② $N(y) \rightarrow \neg F(y)$　　　　　　　　　　　T①US

③ $\forall x(M(x) \rightarrow F(x))$　　　　　　　　P

④ $M(y) \rightarrow F(y)$　　　　　　　　　　　T③US

⑤ $\neg F(y) \rightarrow \neg M(y)$　　　　　　　　　T④假言易位

⑥ $N(y) \rightarrow \neg M(y)$　　　　　　　　　　T②⑤假言三段论

⑦ $\forall x(N(x) \rightarrow \neg M(x))$　　　　　　T⑥UG

本 章 小 结

1. 重点与难点

本章重点：

（1）谓词,全称量词,存在量词,（全总）个体域,命题符号化；

（2）谓词公式及解释,量词的辖域,谓词公式的类型及判定；

（3）谓词公式间的等值关系与蕴涵关系,基本的等值关系式和蕴涵关系式；

（4）谓词公式的前束范式,前束合式范式与前束析取范式,用等值演算将公式化为相应的范式；

（5）US 规则、UG 规则、ES 规则、EG 规则及使用它们满足的限制条件,构造推理的证明。

本章难点：

（1）量词的意义与个体域的关系,命题符号化；

（2）在给定解释和赋值的情况下确定公式的意义；当个体域是有限集合时,如何消去量词确定公式的真值；

（3）用等值演算将公式转化为前束范式、前束合式范式与前束析取范式；

（4）构造法形式的证明。

2. 思维导图

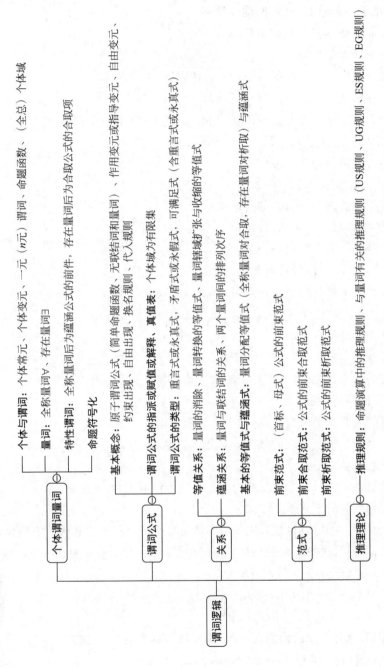

谓词逻辑
- 个体谓词量词
  - 个体与谓词：个体常元、个体变元、一元 (n元) 谓词、命题函数、(全总) 个体域
  - 量词：全称量词∀、存在量词
  - 特性谓词：全称量词公式为蕴涵公式的前件、存在量词后为合取公式的合取项
  - 命题符号化
- 谓词公式
  - 基本概念：原子谓词公式 (简单命题函数、无联结词和量词)、作用变元或指导变元、自由变元、约束出现、自由出现、换名规则、代入规则
  - 谓词公式的指派或解释：个体域为有限集
  - 谓词公式的类型：真值表：重言式或永真式、矛盾式或永假式、可满足式 (含重言式或永真式)
- 关系
  - 等值关系：量词的消除、量词转换的等值式、量词辖域扩张与收缩的等值式
  - 蕴涵关系：量词与联结词蕴涵式、两个量词间的排列次序
  - 基本的等值式与蕴涵式：量词分配等值式 (全称量词对合取、存在量词对析取)、与蕴涵式
- 范式
  - 前束范式：(首标、母式) 公式的前束范式
  - 前束合取范式：公式的前束合取范式
  - 前束析取范式：公式的前束析取范式
- 推理理论
  - 推理规则：命题演算中的推理规则、与量词有关的推理规则 (US规则、UG规则、ES规则、EG规则)

习　题

1. 指出下列命题的个体、谓词或量词。

(1) 并非一切推理都能够由计算机来完成。

(2) 小王是大学生。

(3) C 语言是一门高级程序设计语言课程。

(4) 苏炳添是一名优秀的短跑运动员。

(5) 所有的大学生都会说英语。

2. 用谓词符号化下列命题。

(1) 所有的整数都是实数。

(2) 每个人都会来。

(3) 苏格拉底是一位有名的哲学家。

(4) 我身体很好。

(5) 小兰是一名舞蹈演员。

3. 选择合适的个体域符号化下列命题。

(1) 如果一个整数的平方是奇数,那么这个整数是奇数。

(2) 有些国家在南半球,而有些国家在北半球。

(3) 并非所有不在中国居住的人都不是中国人。

(4) 有些艺术家既是导演又是演员。

(5) 有的猫不捉耗子,会捉耗子的猫才是好猫。

4. 符号化下列命题。

(1) 有的人喜欢坐公交车,有的人喜欢坐地铁。

限定个体域:①所有人的集合;②全总个体域。

(2) 所有的学生都必须学好计算机。

限定个体域:①所有学生的集合;②全总个体域。

(3) 所有质数的平方不是质数。

限定个体域:①所有自然数的集合;②全总个体域;③所有质数的集合。

5. 指出下列公式中量词的辖域,个体变项是约束变项还是自由变项。

(1) $\forall x(P(x) \rightarrow Q(x)) \wedge M(a)$。

(2) $\forall x(P(x) \rightarrow \exists y Q(x,y))$。

(3) $\neg(\forall x F(x,y) \vee \exists y Q(x,y))$。

6. 指出下列公式中量词的辖域、自由变项和约束变项。

(1) $\forall x(P(x) \wedge Q(y) \rightarrow \exists y F(x,y))$。

(2) $(\exists x P(x) \rightarrow Q(y)) \rightarrow \forall x A(x)$。

(3) $\forall x P(x,y) \rightarrow \exists y Q(y)$。

(4) $\forall x \exists y P(x,y) \rightarrow Q(x)$。

7. 对下列公式应用换名规则,使自由变项和约束变项用不同的符号。

(1) $M(x,y) \rightarrow \forall xF(x,y) \lor \exists yQ(y)$。

(2) $\forall x \exists y(P(x,z) \rightarrow Q(y) \rightarrow S(x))$。

8. 对下列公式应用代入或换名规则,使每个个体变项只以一种身份出现。

(1) $(\forall xP(x) \land \exists yQ(y)) \rightarrow F(x,z)$。

(2) $\exists y(P(x,y) \rightarrow (\forall zQ(x,z) \land R(x,y,z))) \land \forall x \exists zS(x,y,z)$。

9. 给定解释 I,讨论 $S(x)$,$\exists xS(x)$,$S(x) \land \exists xS(x)$ 的真值。

(1) I:个体域 $D_1=\{3,4\}$,$S(x)$ 表示"x 是素数",x 为 4。

(2) I:个体域 $D_1=\{3,4\}$,$S(x)$ 表示"x 是偶数",x 为 3。

(3) I:个体域 $D_1=\{3,5\}$,$S(x)$ 表示"x 是素数",x 为 5。

(4) I:个体域 $D_1=\{3,5\}$,$S(x)$ 表示"x 是偶数",x 为 5。

10. 给定个体域 $\{0,1\}$,判定以下公式的真值,其中 $E(x)$ 表示"x 是偶数"。

(1) $\forall x(E(x) \land \neg(x=1))$。

(2) $\forall x(E(x) \rightarrow \neg(x=1))$。

(3) $\exists x(E(x) \land (x=1))$。

11. 给定个体域如下：$I=\{1,2,3\}$,$A(x)=$"x 是偶数",$B(x)=$"x 是奇数",求下列谓词公式的值。

(1) $\exists x(A(x) \land B(x))$。

(2) $\forall x(A(x) \rightarrow \neg(x \leq 2))$。

12. 判断下列公式为逻辑有效式、矛盾式还是可满足式。

(1) $\neg \exists xP(x) \rightarrow \forall xP(x)$。

(2) $\neg \forall xA(x) \leftrightarrow \exists x(\neg A(x))$。

(3) $(\exists x(P(x) \land Q(x))) \rightarrow (\exists xP(x) \rightarrow \neg Q(x))$。

13. 将下列公式进行否定消去。

(1) $\neg(\exists xA(x) \rightarrow \forall xB(x))$。

(2) $\neg(\forall xA(x) \land B(x) \lor \exists xP(x))$。

(3) $\neg((\exists xA(x) \leftrightarrow \forall xQ(x) \land \forall xP(x))$。

14. 证明下列推理。

(1) 前提：$\forall xF(x) \rightarrow \forall y((F(y) \lor G(y)) \rightarrow R(y))$,$\exists xF(x)$。

结论：$\exists x(F(x) \land R(x))$。

(2) 前提：$\forall x(C(x) \rightarrow \neg B(x))$,$\forall x(A(x) \rightarrow B(x))$。

结论：$\forall x(C(x) \rightarrow \neg A(x))$。

(3) 前提：$\forall x(H(x)) \rightarrow A(x))$。

结论：$\forall x \forall y((H(y) \land N(x,y)) \rightarrow \exists y(A(y) \land N(x,y))$。

15. 符号化下列命题,并证明其有效性。

(1) 火箭可以飞上天。轮船不可以飞上天。所以轮船不是火箭。

（2）所有的有理数都是实数。所有的无理数也是实数。虚数不是实数。因此虚数既不是有理数，也不是无理数。

（3）所有的哺乳动物都是脊椎动物。并非所有的哺乳动物都是胎生动物。故有些脊椎动物不是胎生的。

（4）所有的舞蹈者都很有风度。王华是个学生且是个舞蹈者。因此有些学生很有风度。

第3章 集合及其运算

集合是现代数学中重要的基本概念之一,在数学领域中具有无可比拟的特殊性和重要性。在自然科学的研究中,经常会将一些相关的个体联合在一起进行研究,就是运用集合论的原理与方法进行研究的。集合论已经成为现代各数学分支的基础,同时还渗透到各个科学技术领域,成为不可或缺的数学工具和表达语言,在数据结构、开关理论、形式语言、自动机、人工智能、数据库等计算机相关领域有重要的应用。

本章学习目标及思政点

学习目标

- 集合的概念及其表示方法
- 集合的交、并、补和对称差等基本运算及其规律,化简集合表达式
- 集合的容斥原理及求解有限集的基数问题
- 利用基本定义法、公式法和集合成员表法证明新的集合恒等式

思政点

数学是一门古老而经典的学科,该学科历史悠久且成绩斐然,同时许多数学家具有坎坷人生经历,这些可增强学生文化自信,提高学生的爱国情怀;数学揭示的是普遍规律,蕴涵着丰富的哲学思想,能够培养学生的逻辑能力和创新能力;数学中的定义、定理和性质中蕴涵着丰富的思想、观点和方法,可以迁移到学习和生活中,指导我们的行为;通过集合基本概念的学习,学生可了解集合中元素与集合之间的关系,引申出个人与集体之间的关系,使学生正确认识个人与集体之间的利益关系,并树立正确的全局观念。

3.1 集合的基本概念

集合论的起源可以追溯到 16 世纪末期,人们开始对有关数集的研究。集合论的基础是由德国数学家康托尔(Cantor)在 19 世纪 70 年代奠定的,经过半个世纪的努力,到 20 世纪 20 年代已确立了其在现代数学理论体系中的基础地位。可以说,现代数学各个分支的几乎所有成果都构筑在严格的集合理论上。

3.1.1 集合的概念

集合(set)是数学中一个最基本的概念。通常将一些具有确定的、可以区分的若干对象的全体称为集合,而将这些对象称为集合的元素。集合的元素不能重复出现,集合中的元素无顺序之分。例如,全体中国人的集合,它的元素就是每一个中国人。

通常,用大写字母 $A,B,C,\cdots$ 表示集合,用小写字母 $a,b,c,\cdots$ 表示元素。若 a 是集合 A 的元素,则称 a 属于 A,记为 $a \in A$。若 a 不是集合 A 的元素,则称 a 不属于 A,记为

$a \notin A$。若组成集合的元素个数是有限的,则称为"有限集",否则就称为"无限集"。

常见的几个集合用特定的符号表示如下:

1. 自然数集合 $\mathbf{N}=\{0,1,2,3,\cdots\}$

2. 整数集合 $\mathbf{Z}=\{\cdots,-2,-1,0,1,2,\cdots\}$

3. 有理数集合 $\mathbf{Q}=\{x \mid x$ 是有理数$\}$

4. 实数集合 $\mathbf{R}=\{x \mid x$ 是实数$\}$

5. 复数集合 $\mathbf{C}=\{x \mid x=a+bi, a,b \in \mathbf{R}, i=-1\}$

3.1.2 集合的特性

集合性质包括确定性、互异性、无序性和抽象性。

(1) 确定性。确定性指集合中的元素是确定的。例如,若给定一个元素 a 和一个集合 A,则元素 a 和集合 A 之间的关系是确定的,即 $a \in A$ 或者 $a \notin A$,二者必选其一,并且仅能选其一。

(2) 互异性。互异性指集合中的每个元素是可以互相区分的,并且每个元素只能出现一次。如果某个元素在集合中出现多次,也只能看作一个元素。例如,集合$\{1,2,3,3\}$就是集合$\{1,2,3\}$。

(3) 无序性。无序性指组成一个集合的每个元素在该集合中是无次序的,可以任意排列,即集合的表现形式不是唯一的。例如,集合$\{1,2,3\}$和集合$\{2,1,3\}$是同一个集合。

(4) 抽象性。抽象性指集合中的元素可以是具体的,也可以是抽象的,甚至一个集合也可以作为另一个集合的元素。例如,集合$\{1,2,3,\{1,2\}\}$。

集合与元素之间存在属于"$\in$"或不属于"$\notin$"关系。

定义 3.1 设 A 为任意集合,用 $|A|$ 表示 A 含有不同元素的个数,也称为集合 A 的基数,则有:

(1) 若 $|A|=0$,则称 A 为空集,记为 $\varnothing$;

(2) 若 A 包含所讨论问题的全部元素,则称 A 为全集,记为 U;

(3) 若 $|A| \neq 0$,则称 A 为非空集;

(4) 若 $|A|$ 为某自然数,则称 A 为有限集;

(5) 若 $|A|$ 为无穷,则称 A 为无限集。

例 3.1 举出集合 A,B 和 C 的例子,使得 $A \in B, B \in C$ 且 $A \notin C$。

解: $A=\{a\}$; $B=\{\{a\},b\}$; $C=\{\{\{a\},b\},c\}$。

例 3.2 求证:如果 $A \in \{\{b\}\}$,那么 $b \in A$。

证明: 由于 A 为集合$\{\{b\}\}$的元素,而集合$\{\{b\}\}$中只有一个元素$\{b\}$,所以 $A=\{b\}$;又因为 $b \in \{b\}$,所以 $b \in A$。

3.1.3 集合的表示方法

集合是由它所包含的元素完全确定的。集合可以有多种表示方法。常用的有列举法、描述法和文氏图法。

1. 列举法(枚举法)

列举法(枚举法)是将集合中的元素一一列举出来,或者列出足够多的元素,反映集合中成员的特征,并置于一对花括号内,元素之间用逗号隔开。

例如,$A=\{a_1,a_2,\cdots,a_n\}$ 或 $A=\{a_1,a_2,a_3,\cdots\}$

列举法的优点在于具有透明性,但并不是所有的集合都可以用列举法表示。例如,闭区间 $[0,1]$ 中的所有实数,就无法用列举法来表示。从计算机存储的角度看,列举法是一种"静态"表示法,将占据大量的内存。

例 3.3　用列举法表示下列集合。

(1) 小于 5 的非负整数集合。

(2) $10 \sim 20$ 之间的素数集合。

(3) 不超过 65 的 12 之正整数倍数的集合。

解:(1) $\{0,1,2,3,4\}$。

(2) $\{11,13,17,19\}$。

(3) $\{12,24,36,48,60\}$。

2. 描述法

描述法是用一个条件来描述集合中元素具有的共同性质。该条件可以是一句话、一个或多个表达方式。

例如,$A=\{x \mid P(x)\}$ 或 $A=\{x:P(x)\}$。

其中,$P(x)$ 表示"x 满足性质 P"或"x 具有性质 P"。$A=\{x \mid P(x)\}$ 或 $A=\{x:P(x)\}$ 的意义是:集合 A 由且仅由满足性质 P 的对象所组成,也就是说 $a \in A$ 当且仅当 a 满足性质 P(或 $P(a)$ 为真)。若 a 不属于该集合,则 $P(a)$ 为假。

描述法是隐式表示方法。这种方法是通过给出集合中元素的特性来描述集合的。用描述法表示集合比较方便,尤其适用于元素较多或无穷的集合。例如,闭区间 $[0,1]$ 中的所有实数可以表示为 $\{x \mid 0 \leqslant x \leqslant 1, x \in \mathbf{R}\}$。

例 3.4　用描述法给出下列集合。

(1) 所有正偶数的集合。

(2) 不超过 100 的自然数的集合。

(3) 10 的整倍数的集合。

解:(1) $\{x \mid x=2n \wedge n \in \mathbf{Z}^+\}$;

(2) $\{x \mid x \in \mathbf{N} \wedge x \leqslant 100\}$;

(3) $\{x \mid x=10n \wedge n \in \mathbf{Z}\}$。

3. 文氏图法(图示法)

文氏图是用平面上封闭曲线来表示集合及其相互关系的一种图示方法,一般用一个矩形表示全集 U,用椭圆或圆表示 U 的子集 A、B 等,如图 3.1 所示。

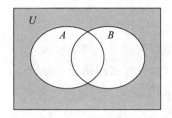

图 3.1　集合 A 和集合 B

文氏图法可以形象和直观地描述集合间的关系和有关运算,优点是直观、易于理解,但理论基础不严谨,故只能用于说明,不能用于证明。

3.2　集合间的关系

集合的包含与相等是集合之间的两个基本关系,两个集合之间也可以没有任何关系。下面就来具体讨论集合之间的包含关系和相等关系。

3.2.1　包含关系

定义 3.2　设 A、B 为任意两个集合,则有:

(1) 如果对于每个 $a \in A$ 皆有 $a \in B$,那么称"A 为 B 的子集"或"B 包含 A",记作 $A \subseteq B$,读作"A 包含于 B";也可记作 $B \supseteq A$,读作"B 包含 A"。称 $\subseteq$ 为包含关系。

(2) 若 $A \subseteq B$ 且 $A \neq B$,则称"A 为 B 的真子集"或"B 真包含 A",记作 $A \subset B$ 或 $B \supset A$。

定理 3.1　设 A,B 和 C 为任意三个集合,则有:

(1) $\varnothing \subseteq A$;

(2) $A \subseteq A$;

(3) 若 $A \subseteq B$ 且 $B \subseteq C$,则 $A \subseteq C$;

(4) 若 $A \supseteq B$ 且 $B \supseteq C$,则 $A \supseteq C$。

根据定义可知,集合间的包含关系具有下列性质。

自反性:对于任意集合 A,有 $A \subseteq A$。

反对称性:对任意两个集合 A 和 B,若 $A \subseteq B$ 且 $B \subseteq A$,则 $A = B$。

传递性:对任意 3 个集合 A、B、C,若 $A \subseteq B,B \subseteq C$,则 $A \subseteq C$。

例 3.5　设集合 $A = \{1,3,7,9\}$,$B = \{1,2,9\}$,$C = \{1,9\}$,判定集合 A、B 和 C 的关系。

解:C 是 A 的子集,又是 B 的子集,但 B 不是 A 的子集,因为 $2 \in B$ 而 $2 \notin A$;同理,A 也不是 B 的子集,因为 $3 \in A$ 而 $3 \notin B$。

3.2.2　相等关系

定义 3.3　设 A、B 为任意两个集合,则有:

(1) 若 A 和 B 中的元素完全相同,则称"A 和 B 相等",记作 $A = B$;否则称"A 和 B 不

相等",记作 $A \neq B$。

(2) 若 $A \subseteq B$ 且 $B \subseteq A$,则称"A 和 B 相等",记作 $A = B$;否则,称"A 和 B 不相等",并记作 $A \neq B$。

定理 3.2　设 A、B 为任意两个集合,$A = B$ 的充要条件是 $A \subseteq B$ 且 $B \subseteq A$,即两个集合相等的充要条件是它们互为子集。

证明:必要性:$A = B \Rightarrow A \subseteq B$ 且 $B \subseteq A$。

因为 $A = B$,由定义可知,A 中的每一个元素都是 B 中的元素,所以 $A \subseteq B$。同理,B 中的每一个元素都是 A 中的元素,所以 $B \subseteq A$。

充分性:$A \subseteq B$ 且 $B \subseteq A \Rightarrow A = B$。

用反证法。如果 $A \neq B$,则 A 中至少有一个元素不在 B 中,与 $A \subseteq B$ 矛盾;或者 B 中至少有一个元素不在 A 中,与 $B \subseteq A$ 矛盾。$A \neq B$ 不可能成立,所以 $A = B$。

根据定义可知,集合间的相等关系具有下列性质。

自反性:对于任意集合 A,有 $A = A$。

对称性:对任意两个集合 A、B,若 $A = B$,则 $B = A$。

传递性:对任意 3 个集合 A、B、C,若 $A = B$ 且 $B = C$,则 $A = C$。

例 3.6　确定下列集合中哪些是相等的。

(1) $A = \{x \mid x$ 为偶数且 x^2 为奇数$\}$。

(2) $B = \{x \mid$ 有 $y \in \mathbf{Z}$ 使 $x = 2y\}$。

(3) $C = \{1, 2, 3\}$。

(4) $D = \{0, 2, -25, -34, -4\}$。

(5) $E = \{2x \mid x \in \mathbf{Z}\}$。

(6) $F = \{3, 3, 2, 1, 2\}$。

(7) $G = \{x \mid x \in \mathbf{Z}$ 且 $x^3 - 6x^2 - 7x - 6 = 0\}$。

解:$A = G$,$B = E$,$C = F$。

3.2.3　特殊集合

在集合论中有两个特殊的集合,即空集和全集,这两个集合在集合论中占有很重要的地位。

定义 3.4　不包含任何元素的集合称为空集,用符号 $\varnothing$ 或 $\{\}$ 表示。

由定义可以看出,如果集合 A 为空集,则有 $|A| = 0$。空集的引入可以使许多问题的叙述得到简化。

例如:集合 $A = \{x \mid x \in \mathbf{Z}$ 且 $x^2 + 6x + 7 = 0, x \in \mathbf{R}\}$ 为空集,即 $|A| = 0$。

定理 3.3　空集是唯一的。

证明:假设有两个空集 $\varnothing_1$ 和 $\varnothing_2$,由定理 3.2 可得 $\varnothing_1 \subseteq \varnothing_2$,且 $\varnothing_2 \subseteq \varnothing_1$。再由集合相等的定义可知 $\varnothing_1 = \varnothing_2$,所以空集是唯一的。

定理 3.4　设 A、B 为任意两个集合,则有:

(1) $\varnothing \in P(A)$;

(2) $A \in P(A)$;

(3) 若 $A \subseteq B$,则 $P(A) \subseteq P(B)$。

例 3.7 列举下列集合的全部子集。

(1) $\{1,2,3\}$。

(2) $\{1,\{2,3\}\}$。

(3) $\{\{1,\{2,3\}\}\}$。

(4) $\{\varnothing\}$。

(5) $\{\varnothing,\{\varnothing\}\}$。

(6) $\{\{1,2\},\{2,1,1\},\{2,1,1,2\}\}$。

(7) $\{\{\varnothing,2\},\{2\}\}$。

解:

(1) 有 8 个子集: $\varnothing,\{1\},\{2\},\{3\},\{1,2\},\{1,3\},\{2,3\},\{1,2,3\}$。

(2) 有 4 个子集: $\varnothing,\{1\},\{\{2,3\}\},\{1,\{2,3\}\}$。

(3) 有 2 个子集: $\varnothing,\{\{1,\{2,3\}\}\}$。

(4) 有 2 个子集: $\varnothing,\{\varnothing\}$。

(5) 有 4 个子集: $\varnothing,\{\varnothing\},\{\{\varnothing\}\},\{\varnothing,\{\varnothing\}\}$。

(6) 有 2 个子集: $\varnothing,\{\{1,2\}\}$。

(7) 有 4 个子集: $\varnothing,\{\{\varnothing,2\}\},\{\{2\}\},\{\{\varnothing,2\},\{2\}\}$。

定义 3.5 在一个具体问题中,如果所涉及的集合都是某个集合的子集,则将这个集合称为全集,记作 U 或 E。

例如,全体自然数组成了自然数的全集。

3.3 集合的运算

集合的运算就是以给定的一个或多个集合(称为运算对象),按照一定的规则得到另外一个新的集合(称为运算结果)的过程。给定的集合 A 和 B 可以通过并($\bigcup$)、交($\bigcap$)、差($-$)和对称差($\oplus$)等运算产生新的集合。

3.3.1 集合的基本运算

定义 3.6 设 A,B 为任意两个集合,令

$$A \bigcup B = \{x \mid x \in A \text{ 或 } x \in B\}$$

$$A \bigcap B = \{x \mid x \in A \text{ 和 } x \in B\}$$

$$A - B = \{x \mid x \in A \text{ 且 } x \notin B\}$$

$$A \oplus B = \{x \mid x \in A \text{ 或 } x \in B \text{ 且 } x \notin A \bigcap B\} = (A \bigcup B) - (A \bigcap B)$$

分别称 $A \bigcup B$、$A \bigcap B$、$A - B$ 和 $A \oplus B$ 为 A 与 B 的并、交、差和对称差;称差 $U - A$ 为 A 对于某全集 U 的补集,并用 $\overline{A}$ 来表示。如果 $A \bigcap B = \varnothing$,称 A 和 B 不相交。

例 3.8 给定下列自然数的集合:

$A = \{1,2,7,8\}$。

$B = \{i \mid i^2 < 50\}$。

$C = \{i \mid i \text{ 可被 3 整除}, 0 \leqslant i \leqslant 30\}$。

$D = \{i \mid i = 2^k, k \in \mathbf{Z}^+, 1 \leqslant k \leqslant 6\}$。

求下列集合：

(1) $A \cup (B \cup (C \cup D))$。

(2) $A \cap (B \cap (C \cap D))$。

(3) $B - (A \cup C)$。

(4) $(\overline{A} \cap B) \cup D$。

解：根据给定的条件，得到

集合 $B = \{0, 1, 2, 3, 4, 5, 6, 7\}$。

集合 $C = \{0, 3, 6, 9, 12, 15, 18, 21, 24, 27, 30\}$。

集合 $D = \{2, 4, 8, 16, 32, 64\}$。

集合 $\overline{A} = \{0, 3, 4, 5, 6\}$。

(1) $A \cup (B \cup (C \cup D)) = \{0, 1, 2, 3, 4, 5, 6, 7, 8, 9, 12, 15, 16, 18, 21, 24, 27, 30, 32, 64\}$。

(2) $A \cap (B \cap (C \cap D)) = \varnothing$。

(3) $B - (A \cup C) = \{4, 5\}$。

(4) $(\overline{A} \cap B) \cup D = \{0, 2, 3, 4, 5, 6, 8, 16, 32, 64\}$。

例 3.9　设 $U = \{1, 2, 3, 4, 5\}$，$A = \{1, 4\}$，$B = \{1, 2, 5\}$，$C = \{2, 4\}$，试求下列集合。

(1) $A \cap \overline{B}$。

(2) $(A \cap B) \cup \overline{C}$。

(3) $\overline{A \cap B}$。

(4) $\overline{A} \cup \overline{B}$。

(5) $(A - B) - C$。

(6) $A - (B - C)$。

(7) $(A \oplus B) \oplus C$。

(8) $(A \oplus B) \oplus (B \oplus C)$。

解：根据给定的条件，可得

$\overline{A} = \{2, 3, 5\}$。

$\overline{B} = \{3, 4\}$。

$\overline{C} = \{1, 3, 5\}$。

(1) $\{4\}$。

(2) $\{1, 3, 5\}$。

(3) $\{2, 3, 4, 5\}$。

(4) $\{2, 3, 4, 5\}$。

(5) $\varnothing$。

(6) $\{4\}$。

(7) $\{5\}$。

(8) $\{1, 2\}$。

定理 3.5 设任意集合 A、B 和 C,则有:

(1) $A\subseteq A\cup B$ 且 $B\subseteq A\cup B$;

(2) $A\cap B\subseteq A$ 且 $A\cap B\subseteq B$;

(3) $A-B\subseteq A$;

(4) $A-B=A\cap\bar{B}$;

(5) 若 $A\subseteq B$,则 $\bar{B}\subseteq\bar{A}$;

(6) 若 $A\subseteq C$ 且 $B\subseteq C$,则 $A\cup B\subseteq C$;

(7) 若 $A\subseteq B$ 且 $A\subseteq C$,则 $A\subseteq B\cap C$。

定理 3.6 设 A、B 为任意两个集合,则以下条件互相等价。

(1) $A\subseteq B$。

(2) $A\cup B=B$。

(3) $A\cap B=A$。

定理 3.7 设 A、B、C 是全集 U 的任意子集。

幂等律　$A\cup A=A,A\cap A=A$

结合律　$(A\cup B)\cup C=A\cup(B\cup C),(A\cap B)\cap C=A\cap(B\cap C)$

交换律　$A\cup B=B\cup A,A\cap B=B\cap A$

分配律　$A\cup(B\cap C)=(A\cup B)\cap(A\cup C),A\cap(B\cup C)=(A\cap B)\cup(A\cap C)$

同一律　$A\cup\varnothing=A,A\cap U=A$

零律　　$A\cup U=U,A\cap\varnothing=\varnothing$

互补律　$A\cup\bar{A}=U,A\cap\bar{A}=\varnothing$

吸收律　$A\cup(A\cap B)=A,A\cap(A\cup B)=A$

德摩根律　$\overline{A\cup B}=\bar{A}\cap\bar{B}$

　　　　　$\overline{A\cap B}=\bar{A}\cup\bar{B}$

　　　　　$\bar{U}=\varnothing$

　　　　　$\bar{\varnothing}=U$

对合律　$\bar{\bar{A}}=A$

例 3.10 求证:对任意集合 A、B 和 C,等式 $(A\cap B)\cup C=A\cap(B\cup C)$ 成立的充要条件是 $C\subseteq A$。

证明:必要性:$C\subseteq(A\cap B)\cup C=A\cap(B\cup C)\subseteq A$,即 $C\subseteq A$。

充分性:若 $C\subseteq A$,则 $A\cup C=A$,$(A\cap B)\cup C=(A\cup C)\cap(B\cup C)=A\cap(B\cup C)$。

例 3.11 设 A 表示大学一年级学生集合,B 表示大学二年级学生集合,M 表示数学专业学生集合,C 表示计算机专业的学生集合,L 表示听离散数学课的学生集合,G 表示星期一晚上参加学术讲座的学生集合,H 表示星期一晚上很迟才睡觉的学生集合。问下列各句子所对应的集合表达式分别是什么?

(1) 所有计算机专业二年级的学生在学离散数学课。

(2) 这些且只有这些听离散数学课的学生或者星期一晚上去参加学术讲座的学生在星期一晚上很迟才睡觉。

(3) 听离散数学课的学生都没参加星期一晚上的学术讲座。

（4）这个学术讲座只有大学一、二年级的学生参加。

（5）除去数学专业和计算机专业以外的二年级学生都去参加了学术讲座。

解：（1）$B \cap C \subseteq L$。

（2）$H = G \cup L$。

（3）$L \cap G = \varnothing$。

（4）$G \subseteq A \cup B$。

（5）$B - (C \cup M) \subseteq G$。

3.3.2　有限集的计数

计算有限集中元素的个数就是有限集的计数问题。有了集合的运算定律和定义 3.1 中集合基数的概念,可以求出任意一个有限集中元素的个数。计算有限集中元素的个数通常有文氏图法和容斥定理法两种方法。

1. 文氏图法

通常从 n 个集合的交集填起,根据计算结果逐步将数字填入其他空白区域。如果不知道交集的值,可以设为 x,根据题目的条件列方程或方程组,求出所需结果。

图 3.2 中的画横线部分表示了每个图题所指出的集合。

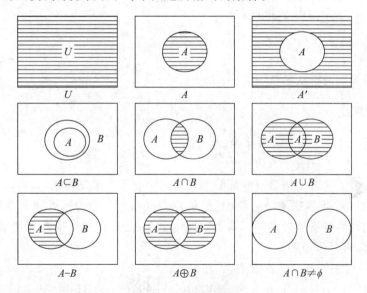

图 3.2　文氏图结果

例 3.12　设某校运动员共有 70 人,其中乒乓球队员、篮球队员和排球队员分别有 38 人、35 人和 32 人,有 8 人同时参加三个队。求同时参加两个队的队员有多少人?

解：在如图 3.3 所示的文氏图中,用 A、B 和 C 分别表示乒乓球、篮球和排球队员的集合,同时参加两个队的队员集合为 $(A \cap B \cap \bar{C}) \cup (A \cap \bar{B} \cap C) \cup (\bar{A} \cap B \cap C)$。

由题设可知,$|A| = 38$,$|B| = 35$,$|C| = 32$,$|A \cap B \cap C| = 8$,$|A \cup B \cup C| = 70$,故有

$$|A \cup B \cup C| = |A| + |B| + |C| - |A \cap B| - |A \cap C| - |B \cap C| + |A \cap B \cap C|$$

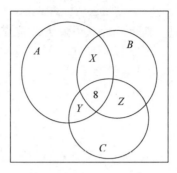

图 3.3　例 3.12 文氏图

$70=38+35+32-|A\cap B|-|A\cap C|-|B\cap C|+8$

$70=113-|A\cap B|-|A\cap C|-|B\cap C|$

设 $X=|A\cap B|, y=|A\cap C|, Z=|B\cap C|$，则 $X+Y+Z=43$。

由于 $(A\cap B\cap\bar{C})$、$(A\cap\bar{B}\cap C)$ 和 $(\bar{A}\cap B\cap C)$ 两两不相交，

$\overline{(A\cap B\cap\bar{C})\cup(A\cap\bar{B}\cap C)\cup(\bar{A}\cap B\cap C)}$

$=|(A\cap B\cap\bar{C})|+|(A\cap\bar{B}\cap C)|+|(\bar{A}\cap B\cap C)|$

$=|(A\cap B)|-(A\cap B\cap C)+(A\cap C)-(A\cap B\cap C)+|(B\cap C)|-(A\cap B\cap C)|$

$=X+Y+Z-3|A\cap B\cap C|$

$=43-3\times8$

$=19$

因此，同时参加两个队的队员有 19 人。

2. 容斥定理法

定理 3.8　对任意两个有限集 A、B，有

$|A\cup B|=|A|+|B|-|A\cap B|$。

在计数时，为了使若干集合重叠部分的元素的个数不被重复计算，人们研究出一种计数方法。基本思想是：不考虑重叠的情况，把包含于这些集合中的所有元素个数先分别计算出来，然后再把计数时重复计算的元素个数排斥出去，使计算的结果既无遗漏又无重复，这种计数的方法称为容斥定理。

推广结论：对于任意三个有限集 A、B、C，有

$|A\cup B\cup C|=|A|+|B|+|C|-|A\cap B|-|A\cap C|-|B\cap C|+|A\cap B\cap C|$。

例 3.13　某学校学生选课的情况如下：260 名学生选法语，208 人选德语，160 人选俄语，76 人选法语和德语，48 人选法语和俄语，62 人选德语和俄语，三门课都选的有 30 人，三门都没选的有 150 人。

问：共有多少学生？有多少学生只选法语和德语？有多少学生只选俄语？

解：根据给定的条件，设 A、B、C 分别表示学习法语、德语和俄语的学生集合，则有 $|A|=260, |B|=208, |C|=160, |A\cap B|=76, |A\cap C|=48, |B\cap C|=62, |A\cap B\cap C|=30, |\bar{A}\cap\bar{B}\cap\bar{C}|=150$。

由容斥定理得

$$|A \cup B \cup C|$$
$$= |A| + |B| + |C| - |A \cap B| - |A \cap C| - |B \cap C| + |A \cap B \cap C|$$
$$= 260 + 208 + 160 - 76 - 48 - 62 + 30$$
$$= 472$$

(1) 共有学生 $472 + 150 = 622$ 人。

(2) 只选法语和德语的学生有 $76 - 30 = 46$ 人。

(3) 只选俄语的学生有 $48 + 62 - 30 = 80$ 人。

3.4　幂集和编码

3.4.1　幂集

幂集是集合的基本运算之一。所谓幂集(power set)，就是原集合中所有子集(包括全集和空集)构成的集族。

定义 3.7　设 A 为任意集合，令 $P(A) = \{x \mid x \subseteq A\}$，称 $P(A)$ 为 A 的幂集，有时也记为 2^A，或称幂集公理。

定理 3.9　集合 A 中所包含的不同元素的个数称为集合 A 的基数，通常用 $|A|$ 或 $\mathrm{Card}(A)$ 表示，若 A 为有限集，则 $|P(A)| = 2^A$。

求集合 A 的幂集，需要按照顺序求集合 A 中由低元到高元的所有子集，再将这些子集组成集合(低元到高元的所有子集)：0 元集，1 元集，2 元集，$\cdots$，n 元集。

例如：若集合 $A = \{a, b, c\}$，则

0 元集 $\varnothing$。

1 元集 $\{a\}$，$\{b\}$，$\{c\}$。

2 元集 $\{a, b\}$，$\{a, c\}$，$\{b, c\}$。

3 元集 $\{a, b, c\}$。

集合 A 的幂集是 $P(A) = \{\varnothing, \{a\}, \{b\}, \{c\}, \{a, b\}, \{a, c\}, \{b, c\}, \{a, b, c\}\}$。

例 3.14　求下列集合的幂集。

(1) $\{a, b\}$。

(2) $\{\varnothing, a\}$。

(3) $\{\varnothing, a, \{b\}\}$。

解：(1) 对于集合 $\{a, b\}$，含 0 个元素的子集是 $\varnothing$，含 1 个元素的子集是 $\{a\}$、$\{b\}$，含 2 个元素的子集是 $\{a, b\}$，所以 $\{a, b\}$ 的幂集是 $\{\varnothing, \{a\}, \{b\}, \{a, b\}\}$。

(2) 对于集合 $\{\varnothing, a\}$，含 0 个元素的子集是 $\varnothing$，含 1 个元素的子集是 $\{\varnothing\}$、$\{a\}$，含 2 个元素的子集是 $\{\varnothing, a\}$，所以 $\{\varnothing, a\}$ 的幂集是 $\{\varnothing, \{\varnothing\}, \{a\}, \{\varnothing, a\}\}$。

(3) 对于集合 $\{\varnothing, a, \{b\}\}$，含 0 个元素的子集是 $\varnothing$，含 1 个元素的子集是 $\{\varnothing\}$、$\{a\}$、$\{\{b\}\}$，含 2 个元素的子集是 $\{\varnothing, a\}$、$\{\varnothing, \{b\}\}$、$\{a, \{b\}\}$，含 3 个元素的子集是 $\{\varnothing, a, \{b\}\}$，所以 $\{\varnothing, a, \{b\}\}$ 的幂集是 $\{\varnothing, \{\varnothing\}, \{a\}, \{\{b\}\}, \{\varnothing, a\}, \{\varnothing, \{b\}\}, \{a, \{b\}\}, \{\varnothing, a, \{b\}\}\}$。

3.4.2　幂集元素与编码

"编"就是将某样东西按照一定的规则放到一起,"码"在这里是数字的意思。编码就是将某东西编成数字。如邮政编码,就是将不同范围内的邮局编成不同的数字。计算机里只有 0 和 1,编码就是将文本字符编成一系列的 0 和 1。编码过程是计算编码矩阵中元素和数组的乘积过程。为保证乘积运算的结果仍在一个字节以内(0~255),必须应用到有限域。设集合 X 中有 n 个元素,下标为 n 位二进制数,每一位对应集合 X 中的一个元素。如果元素在某个子集中出现,则相应的二进制位为 1,否则为 0。

例如:以集合 $X=\{x,y,z\}$ 为例,$P(X)=\{x_i \mid i\in J\}$,$J=\{I \mid i$ 是二进制数且 $000\leqslant i\leqslant 111\}$。

$P(X)$ 中各个元素描述如下:

$\varnothing=P_{000}$,$\{x\}=P_{100}$,$\{y\}=P_{010}$,$\{z\}=P_{001}$,$\{x,y\}=P_{110}$,$\{x,z\}=P_{101}$,$\{y,z\}=P_{011}$,$\{x,y,z\}=P_{111}$。

有了集合的编码表示法,可以利用它来表示集合的运算。

两个子集的交集的编码是两个子集的编码对应位置的布尔积。布尔乘法规则如下:

$1\times1=1,1\times0=0,0\times1=0,0\times0=0$,则 P_{001} 与 P_{101} 的交集为 P_{001}。

两个子集的并集的编码是两个子集的编码对应位置的布尔加法。布尔加法规则如下:

$1+1=1,1+0=1,0+1=1,0+0=0$,则 P_{001} 与 P_{101} 的并集为 P_{101}。

例 3.15　设集合 $P=\{a_1,a_2,\cdots,a_6\}$。求 P_{15} 和 P_{22} 所表示的子集,如何表示子集 $\{a_3,a_5\}$ 和 $\{a_2,a_4,a_6\}$?

解:$P_{15}=P_{001111}=\{a_3,a_4,a_5,a_6\}$。

$P_{22}=P_{010110}=\{a_2,a_4,a_5\}$。

$\{a_3,a_5\}=P_{001010}=P_{10}$。

$\{a_2,a_4,a_6\}=P_{010101}=P_{21}$。

3.5　集合恒等式证明

集合等式就是判定用两种不同形式定义、描述或表达的集合相等。证明集合等式也就是证明两个集合相等,是学习"离散数学"课程需要掌握的基本内容之一。通过对集合恒等式的证明,可以加深对集合性质的理解与掌握,是一种基本功的训练。本节主要通过三种方法证明恒等式,分别是基本定义法、公式法和集合成员表法。

3.5.1　基本定义法

基本定义法就是利用集合相等的定义,通过考查一个集合的元素是否相互属于另一个集合而证明集合等式的方法。

例 3.16　设 A、B 是任意两个集合,证明下面的吸收律。

(1) $A\cup(A\cap B)=A$。

证明:对于任意的 X,有

$X \in A \cup (A \cap B)$

$\Leftrightarrow X \in A \vee X \in (A \cap B)$　　　　　（集合并的定义）

$\Leftrightarrow X \in A \vee (X \in A \wedge X \in B)$　　　（集合交的定义）

$\Leftrightarrow X \in A$　　　　　　　　　　　　（吸收律）

（2）$A \cap (A \cup B) = A$。

证明：对于任意的 X，有

$X \in A \cap (A \cup B)$

$\Leftrightarrow X \in A \wedge X \in (A \cup B)$　　　　　（集合交的定义）

$\Leftrightarrow X \in A \wedge (X \in A \vee X \in B)$　　　（集合并的定义）

$\Leftrightarrow X \in A$　　　　　　　　　　　　（吸收律）

但很多时候在证明过程中，当任意元素 X 属于某个集合与 X 属于另一个集合这两个命题之间不是简单的双蕴涵关系时，就不能用"当且仅当"进行证明。对于涉及复杂的等式，可以通过公式法或集合成员表法来证明。

3.5.2　公式法

公式法就是利用已证明过的集合恒等式的演算方式来证明所要结论的方法。证明时应注意以下几个基本原则。

（1）将集合运算表达式中的其他运算符号转换为 $\cup$ 和 $\cap$。

（2）将补运算作用到单一集合上。

（3）左式 $\Rightarrow$ 右式；右式 $\Rightarrow$ 左式；左式 $\Rightarrow$ 中间式，右式 $\Rightarrow$ 中间式。

（4）根据基本运算符号的定义和运算规律转换。

例 3.17　对任意集合 A、B、C，证明下列各等式。

（1）$(A \cap B) - C = A \cap (B - C)$。

（2）$A \cup (B - A) = A \cup B$。

（3）$A - (B \cup C) = (A - B) \cap (A - C)$。

（4）$A - (B \cap C) = (A - B) \cup (A - C)$。

（5）$A - (A - B) = A \cap B$。

（6）$A - (B - C) = (A - B) \cup (A \cap C)$。

证明：（1）$(A \cap B) - C = A \cap B \cap \bar{C} = A \cap (B \cap \bar{C}) = A \cap (B - C)$。

（2）$A \cup (B - A) = A \cup (B \cap \bar{A}) = (A \cup B) \cap (A \cup \bar{A}) = A \cup B$。

（3）$(A - B) \cap (A - C) = (A \cap \bar{B}) \cap (A \cap \bar{C}) = A \cap (\bar{B} \cap \bar{C}) = A \cap \overline{B \cup C} = A - (B \cup C)$。

（4）$(A - B) \cup (A - C) = (A \cap \bar{B}) \cup (A \cap \bar{C}) = A \cap (\bar{B} \cup \bar{C}) = A \cap \overline{B \cap C} = A - (B \cap C)$。

（5）$A - (A - B) = A \cap \overline{A \cap B} = A \cap (\bar{A} \cup B) = (A \cap \bar{A}) \cup (A \cap B) = A \cap B$。

（6）$(A - B) \cup (A \cap C) = (A \cap \bar{B}) \cup \overline{A \cap C} = A \cap (\bar{B} \cup C) = A \cap \overline{B \cap C} = A \cap (B - C) = A - (B - C)$。

实际上，在集合表达式中，通常认为集合和幂运算的优先级最高，其他依次是集合交、集合并和对称差。尽量使用圆括号将每个运算的操作表达清楚。

例 3.18　化简集合表达式 $((A \cup B \cup C) \cap (A \cup B)) - ((A \cup (B - C)) \cap A)$。

解：$((A \cup B \cup C) \cap (A \cup B)) - ((A \cup (B-C)) \cap A)$ 　　（吸收律）

$\quad = (A \cup B) - ((A \cup (B-C)) \cap A)$ 　　（吸收律）

$\quad = (A \cup B) - A$ 　　（集合差等式）

$\quad = (A \cup B) \cap \overline{A}$ 　　（分配律）

$\quad = (A \cap \overline{A}) \cup (B \cap \overline{A})$ 　　（矛盾律、同一律）

$\quad = B \cap \overline{A}$

3.5.3 集合成员表法

集合成员表法是根据集合等式与子集关系的联系来证明所要结论的方法。通过构造集合成员表，采用二进制下的逻辑运算，也可以用来证明两个集合是否相等。

定义 3.8 设有集合 A，则对于集合 A 的补集 $\overline{A}$，用 0 表示 $\notin$，1 表示 $\in$，即若元素 $X \in A$，则 $X \notin \overline{A}$，若 $X \in \overline{A}$ 则 $X \notin A$，集合 A 的成员表如表 3.1 所示。

表 3.1　集合 A 的成员表

A	$\overline{A}$
1	0
0	1

例 3.19 设有集合 A、B，列出并、交、差和对称差运算的成员表。

解：集合 A、B 并、交、差和对称差运算的成员表如表 3.2 所示。

表 3.2　集合 A、B 并、交、差和对称差运算的成员表

A	B	$A \cup B$	$A \cap B$	$A - B$	$A \oplus B$
0	0	0	0	0	0
0	1	1	0	0	1
1	0	1	0	1	1
1	1	1	1	0	0

例 3.20 设 A、B、C 是任意三个集合，用集合成员表法来证明集合恒等式

$$(A \cap B) \cup (A \cap C) \cup (B \cap C) = (A \cup B) \cap (A \cup C) \cap (B \cup C)$$

证明：集合 A、B、C 构成的成员表如表 3.3 所示。

表 3.3　集合 A、B、C 构成的成员表

A	B	C	$A \cap B$	$A \cap C$	$B \cap C$	$A \cup B$	$A \cup C$	$B \cup C$	等式左边	等式右边
0	0	0	0	0	0	0	0	0	0	0
0	0	1	0	0	0	0	1	1	0	0
0	1	0	0	0	0	1	0	1	0	0
0	1	1	0	0	1	1	1	1	1	1
1	0	0	0	0	0	1	1	0	0	0
1	0	1	0	1	0	1	1	1	1	1
1	1	0	1	0	0	1	1	1	1	1
1	1	1	1	1	1	1	1	1	1	1

利用集合成员表可以判断集合的性质与集合间的关系,判断规则如下:

(1) 若集合是全集,则其成员表值必全为 1,即所有集合都是它的成员;

(2) 若集合是空集,则其成员表值必全为 0,即没有集合是它的成员;

(3) 若集合 A 和集合 B 相等,则它们的成员表对应行的值必相同;

(4) 若集合 A 是集合 B 的子集,则当 A 的值为 1 时,B 的对应行的值必为 1。

3.6　例题解析

例 3.21　设 $S=\{2,a,\{3\},4\}$,$R=\{\{a\},3,4,1\}$,指出下列哪些是正确的,哪些是错误的?

(1) $\{a\}\in S$。　　(2) $\{a\}\in R$。　　(3) $\{a,4,\{3\}\}\subseteq S$。　　(4) $\{\{a\},1,3,4\}\subset R$。

(5) $S=R$。　　(6) $\{a\}\subset R$。　　(7) $\{a\}\subseteq R$。　　(8) $\varnothing\subseteq R$。

(9) $\varnothing\subseteq\{\{a\}\}\subseteq R$。　(10) $\{\varnothing\}\subseteq S$。　(11) $\varnothing\in R$。　(12) $\varnothing\subseteq\{\{3\},4\}$。

解:在集合的概念中需要注意两种关系的区别:一种是元素和集合的属于关系;另一种是集合与集合之间的(真)包含关系,特别是空集是任意集合的子集。

(1)(4)(5)(7)(10)(11)是错误的,(2)(3)(6)(8)(9)(12)是正确的。

例 3.22　若 A、B 为集合,则 $A\subseteq B$ 和 $A\in B$ 能同时成立吗? 请证明你的结论。

解:$A\subseteq B$ 和 $A\in B$ 有可能同时成立。

因为 $A\subseteq B$,要求 A 中的元素都在 B 中,但 B 中除去 A 的元素外,还可能有其他元素。故如果 B 中有元素为集合 A 时,则本命题就可能成立。

例如:$A=\{a\}$,$B=\{a,\{a\}\}$,则就有 $A\subseteq B\wedge A\in B$。

例 3.23　求下列集合的幂集。

(1) $\{a,\{b\}\}$。

(2) $\{1,\varnothing\}$。

解:(1) 设 $A=\{a,\{b\}\}$,则 $P(A)=\{\varnothing,\{a\},\{\{b\}\},\{a,\{b\}\}\}$。

(2) 设 $B=\{1,\varnothing\}$,则 $P(B)=\{\varnothing,\{1\},\{\varnothing\},\{1,\varnothing\}\}$。

例 3.24　用列举法或描述法表示下列集合。

(1) 能被 3 整除且小于 16 的正整数。

(2) 小于 10 的正偶数。

(3) 小于 100 的正奇数。

(4) 所有能被 5 整除的正整数。

解:(1) $\{3,6,9,12,15\}$。

(2) $\{2,4,6,8\}$。

(3) $\{x\,|\,x=2n+1\wedge n\in\mathbf{N}\wedge x<100\}$。

(4) $\{x\,|\,x=5n\wedge n\in\mathbf{Z}^{+}\}$。

例 3.25　求证:对任意集合 A 和 B,$P(A)\bigcap P(B)=P(A\bigcap B)$。

证明:$\forall S\in P(A)\bigcap P(B)$,有 $S\in P(A)$ 且 $S\in P(B)$,所以 $S\subseteq A$ 且 $S\subseteq B$。从而 $S\subseteq A\bigcap B$,故 $S\in P(A\bigcap B)$。即 $P(A)\bigcap P(B)\subseteq P(A\bigcap B)$。

$\forall S \in P(A \cap B)$，有 $S \subseteq A \cap B$，所以 $S \subseteq A$ 且 $S \subseteq B$，从而 $S \in P(A)$ 且 $S \in P(B)$，故 $S \in P(A) \cap P(B)$。即 $P(A \cap B) \subseteq P(A) \cap P(B)$。

故 $P(A) \cap P(B) = P(A \cap B)$。

例 3.26 对任意集合 A、B、C，求证 $(A \cup C) - (B \cup C) \subseteq A - B$。

证明：$(A \cup C) - (B \cup C) = (A \cup C) \cap \overline{B \cup C} = (A \cup C) \cap (\bar{B} \cap \bar{C})$

$= (A \cap \bar{B} \cap \bar{C}) \cup (C \cap \bar{B} \cap \bar{C})$

$= A \cap \bar{B} \cap \bar{C} \subseteq A \cap \bar{B}$

$= A - B$

例 3.27 某学校学生选课的情况如下：200 人选计算机，150 人选英语，160 人选日语，66 人选计算机和英语，48 人选计算机和日语，62 人选英语和日语，三门课都选的有 30 人，三门都没选的有 100 人，问：学生共有多少人？有多少人只选计算机和英语？有多少人只选日语？

解：根据给定的条件，设 A、B、C 分别表示学习计算机、英语和日语的学生的集合，则有 $|A| = 200$，$|B| = 150$，$|C| = 160$，$|A \cap B| = 66$，$|A \cap C| = 48$，$|B \cap C| = 62$，$|A \cap B \cap C| = 30$，$|\bar{A} \cap \bar{B} \cap \bar{C}| = 100$。

由容斥定理可得

$|A \cup B \cup C|$

$= |A| + |B| + |C| - |A \cap B| - |A \cap C| - |B \cap C| + |A \cap B \cap C|$

$= 200 + 150 + 160 - 66 - 48 - 62 + 30$

$= 364$

(1) 共有学生 $364 + 100 = 464$ 人。

(2) 只选计算机和英语的有 $66 - 30 = 36$ 人。

(3) 只选日语的有 $48 + 62 - 30 = 80$ 人。

本 章 小 结

1. 重点与难点

本章重点：

(1) 元素与集合的属于关系，集合与集合的包含关系；

(2) 空集和幂集的定义，有限集幂集元素的编码表示；

(3) 集合的并、交、差和对称差运算及运算规律，容斥定理的应用；

(4) 基本定义法、公式法和集合成员表法证明集合恒等式。

本章难点：

(1) 幂集、有限集和幂集元素的编码表示；

(2) 证明两个集合的包含与相等；

(3) 容斥定理的应用。

2. 思维导图

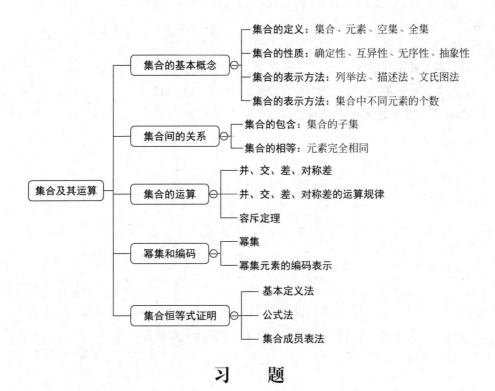

习　　题

1. 选择题

(1) 判断下列命题哪个为真？（　　　）

　　A. $A-B=B-A\Rightarrow A=B$　　　　　　　B. 空集是任何集合的真子集

　　C. 空集只是非空集的子集　　　　　　　D. 若 A 的一个元素属于 B，则 $A=B$

(2) 在 0 与 $\varnothing$ 之间的关系可表示为 0（　　　）$\varnothing$。

　　A. $=$　　　　　　　　B. $\subseteq$　　　　　　　　C. $\in$　　　　　　　　D. $\notin$

(3) A,B,C 是三个集合，则下列哪几个推理正确？（　　　）

　　A. $A\subseteq B,B\subseteq C\Rightarrow A\subseteq C$　　　　　　B. $A\subseteq B,B\subseteq C\Rightarrow A\in B$

　　C. $A\in B,B\in C\Rightarrow A\in C$

(4) 设 $S_1=\{1,2,\cdots,8,9\},S_2=\{2,4,6,8\},S_3=\{1,3,5,7,9\},S_4=\{3,4,5\},S_5=\{3,5\}$，
在条件 $X\subseteq S_1$ 且 $X\not\subset S_3$ 下，x 与（　　　）集合可能相等。

　　A. $X=S_2$ 或 S_5　　　　　　　　　　B. $X=S_4$ 或 S_5

　　C. $X=S_1,S_2$ 或 S_4　　　　　　　　D. X 与 $S_1,\cdots,S_5$ 中任何集合都不相等

(5) 设 $S=\{\varnothing,\{1\},\{1,2\}\}$，则有（　　　）$\subseteq S$。

　　A. $\{\{1,2\}\}$　　　　B. $\{1,2\}$　　　　C. $\{1\}$　　　　D. $\{2\}$

(6) 设 $A=\{a,\{a\}\}$，下列命题错误的是（　　　）。

　　A. $\{a\}\in P(A)$　　B. $\{a\}\subseteq P(A)$　　C. $\{\{a\}\}\in P(A)$　　D. $\{\{a\}\}\subseteq P(A)$

2. 填空题

(1) 设 $U=\{1,2,3,4,5\}$, $A=\{1,4\}$, $B=\{1,2,5\}$, $C=\{2,4\}$,
则 $\overline{(A\cap B)}=$ _____, $(A-B)-C=$ _____, $(A\oplus B)\oplus C=$ _____。

(2) 设 $|A|=5$, 则 A 有 _____ 个子集元素。

(3) 空集的幂集基数是 _____。

(4) 在 _____ 条件下等式 $P(A)\cup P(B)=P(A\cup B)$ 成立。

3. 确定下列关系中哪些是正确的。

(1) $\varnothing\subseteq\varnothing$。

(2) $\varnothing\in\varnothing$。

(3) $\varnothing\subseteq\{\varnothing\}$。

(4) $\varnothing\in\{\varnothing\}$。

(5) $\{a,b\}\subseteq\{a,b,c,\{a,b,c\}\}$。

(6) $\{a,b\}\in\{a,b,c,\{a,b,c\}\}$。

(7) $\{a,b\}\subseteq\{a,b,\{\{a,b\}\}\}$。

(8) $\{a,b\}\in\{a,b,\{\{a,b\}\}\}$。

4. 设 $A=\{n\mid n\in\mathbf{Z}^+$ 且 $n<12\}$, $B=\{n\mid n\in\mathbf{Z}^+$ 且 $n\leqslant8\}$, $C=\{2n\mid n\in\mathbf{Z}^+\}$, $D=\{3n\mid n\in\mathbf{Z}^+\}$, $E=\{2n-1\mid n\in\mathbf{Z}^+\}$。试用 A,B,C,D 和 E 表示下列集合：

(1) $\{2,4,6,8\}$。

(2) $\{3,6,9\}$。

(3) $\{10\}$。

(4) $\{n\mid n$ 为偶数且 $n>10\}$。

(5) $\{n\mid n$ 为正偶数且 $n\leqslant10$, 或 n 为奇数且 $n\geqslant9\}$。

5. 判断下列各命题是否为真, 并说明理由。

(1) 若 $A\cup B=A\cup C$, 则 $B=C$。

(2) 若 $A\cap B=A\cap C$, 则 $B=C$。

6. 求下列集合的幂集。

(1) $\{x,y,z\}$。

(2) $\{\varnothing,a,\{a\}\}$。

(3) $P(\varnothing)$。

7. 求证：对任意的集合 S, 有 $\{\varnothing,\{\varnothing\}\}\in P(S)$。

8. 设某集合有 n 个元素, 则：

(1) 可构成多少个子集？

(2) 其中有多少个子集的元素个数为奇数？

(3) 是否有 $n+1$ 个元素的子集？

9. 对任意集合 A、B、C, 证明下列集合恒等式。

(1) $(A-B)\oplus B=A\cup B$。

(2) $\overline{A \cap B} = \overline{A} \cup \overline{B}$。

(3) $A \cap (A \cup B) = A$。

10. 判断下列等式并举例说明。

(1) 已知 $A \cup B = A \cup C$，是否必须 $B = C$？

(2) 已知 $A \oplus B = A \oplus C$，是否必须 $B = C$？

第4章 关　系

关系指两个或多个事物之间相互影响、相互作用的状态。关系是离散数学中刻画元素之间相互联系的一个重要概念。它可以看作一个集合,将具有联系的对象组合作为成员,在计算机科学中有着广泛的应用,如关系及其运算是关系数据库模型的理论基础,等价关系用于信息检索,偏序关系用于项目管理等。

本章学习目标及思政点

学习目标

- 笛卡儿积的概念(二元关系、空关系、恒等关系、全域关系)、关系的定义域和值域及运算
- 关系的集合表示法、关系矩阵表示法和关系图表示法
- 逆运算和复合运算的性质及方法
- 关系的性质(自反、反自反、对称、反对称、传递)及判别,关系的闭包及性质
- 集合的等价关系、等价类、商集,集合的划分
- 集合的偏序关系及哈斯图表示方法

思政点

通过介绍关系的基本概念,使学生了解关系是描述事物之间的联系,例如,数与数的关系、记录与记录的关系、国与国的关系、人与人的关系等。此外,通过关系在数据库理论的作用,强调理论对实践的指导作用。通过国与国的关系,强调一个国家要立于不败之地,必须立于时代潮头,鼓励学生学好基础知识,报效祖国。

4.1　关系的基本概念

离散数学中将关系抽象为有序对或 N 元组的集合。有序对或 N 元组就是将两个或多个事物按照某种顺序放在一起研究。通常研究二元关系,即两个集合之间的关系,二元关系是一类特殊的集合,用于描述集合内部元素之间或者集合之间元素的某种联系与性质,被广泛地应用于计算机、信息科学及其相关领域中。对二元关系的深入研究是学习专业课的基础,对后续课程的学习也有重要作用。

4.1.1　集合的笛卡儿积

两个集合的笛卡儿积是它们的元素构成的有序对集合,有序对就是按照顺序将两个元素放在一起。集合论中是从集合的角度定义有序对。

定义 4.1　两个元素 a 和 b 构成的有序对,记为 $<a,b>$,其中 a 是它的第一元素,b 是它的第二元素。

定理 4.1　对任意元素 a、b、c、d,$<a,b>=<c,d>$ 当且仅当 $a=c$ 且 $b=d$。

推论 4.1 对于元素 a、b，若 $a \neq b$，则 $<a,b> \neq <b,a>$。

推论 4.1 明确给出了有序的含义，即与无序的集合不同，当 $a \neq b$ 时，集合 $\{a,b\} = \{b,a\}$，但 $<a,b> \neq <b,a>$。因此，对于 $<a,b>$，a 是这个有序对的第一元素，而 b 是它的第二元素。

由两个具有给定次序的客体所组成的序列称为序偶，记作 $<x,y>$。

说明：序偶中的两个元素要有确定的排列次序。若 $a \neq b$ 时，则 $<a,b> \neq <b,a>$，若 $<x,y>=<a,b>$，则 $(x=a \wedge y=b)$。多重序偶中，三重序偶 $<x,y,z>=<<x,y>,z>$，n 重序偶 $<x_1,\cdots,x_n>=<<<<x_1,x_2>,x_3>\cdots>,x_n>$。

定义 4.2 集合 A 和集合 B 的笛卡儿积（简称积）记为 $A \times B$，符号化表示为
$$A \times B = \{<a,b> | a \in A \wedge b \in B\}$$

也就是说，集合 A 和集合 B 的笛卡儿积是以 A 的元素为第一元素、B 的元素为第二元素的所有有序对构成的集合。

例 4.1 设集合 $A=\{1,2,3\}$，$B=\{a,b\}$，分别计算 $A \times B$ 和 $B \times A$。

解：$A \times B=\{<1,a>,<1,b>,<2,a>,<2,b>,<3,a>,<3,b>\}$
$B \times A=\{<a,1>,<a,2>,<a,3>,<b,1>,<b,2>,<b,3>\}$

从例 4.1 可以看到，笛卡儿积作为集合运算不满足交换律，所以通常不对笛卡儿积的代数性质做更多的研究。

例 4.2 时间可以用某时和某分表示，一天的时间如何表示？

解：设用 A 表示时的集合，B 表示分的集合，一天的时间的可用 $A \times B$ 的笛卡儿积表示。
$$A \times B = \{<a,b> | a \in A,b \in B\}$$
其中 $A=\{0,1,2,\cdots,23\}$，$B=\{0,1,2,\cdots,59\}$。

4.1.2 关系的定义

二元关系在日常生活中普遍存在，例如，人与人之间有同学关系、师生关系、朋友关系等；计算机程序之间有调用关系；两个数之间有大于关系、等于关系等。所以，关系是一类特殊的集合，用于描述集合内部元素之间或者集合之间元素的某种联系与性质。

事物之间（客体之间）的相互联系称为关系。n 元笛卡儿积 $A_1 \times A_2 \times \cdots \times A_n$ 反映了 n 个客体之间的关系，是 n 元关系。序偶 $<a,b>$ 实际上反映了二个元素之间的关系，是二元关系。

注意：关系和笛卡儿乘积、笛卡儿乘积的任何子集都可以定义一种二元关系。

例 4.3 设集合 $X=\{1,2,3,4\}$，$y=\{1,2\}$，则 $X \times Y=\{<1,1>,<1,2>,<2,1>,<2,2>,<3,1>,<3,2>,<4,1>,<4,2>\}$。$R_1=\{<x,y> | x \in X \wedge y \in Y \wedge x>y\}$，$R_2=\{<x,y> | x \in X \wedge y \in Y \wedge x=y2\}$，$R_3=\{<x,y> | x \in X \wedge y \in Y \wedge x=y\}$。分别求出 R_1、R_2 和 R_3。

解：$R_1=\{<x,y> | x \in X \wedge y \in Y \wedge x>y\}=\{<2,1>,<3,1>,<3,2>,<4,1>,<4,2>,<4,3>\}$。
$R_2=\{<x,y> | x \in X \wedge y \in Y \wedge x=y2\}=\{<1,1>,<4,2>\}$。

$R_3 = \{<x,y> \mid x \in X \wedge y \in Y \wedge x = y\} = \{<1,1>,<2,2>\}$。

R_1、R_2、R_3 均为二元关系。

定义 4.3 设 $A \times B = \{<x,y> \mid (x \in A) \wedge (y \in B)\}$，若集合 $R \subseteq A \times B$，则称 R 是从 A 到 B 的一个二元关系。即二元关系 R 是以序偶作为元素的集合。若 $<x,y> \in R$，则记作 xRy，否则记作 $x\cancel{R}y$。

注意：$A \times B$ 的任何子集都称作从 A 到 B 的二元关系，特别当 $A = B$ 时，称作 A 上的关系。人们通常讨论的是二元关系。除非特殊说明，在提到关系时，都是指二元关系。

设集合 $A = \{1,2,3\}$，$B = \{a,b,c\}$，下面的 R_1 和 R_2 的集合都是 A 到 B 的关系，而 R_3 和 R_4 的集合是 A 上的关系。

$R_1 = \{<1,a>,<1,b>,<2,b>,<3,c>\}$。

$R_2 = \{<1,b>,<2,c>,<3,a>\}$。

$R_3 = \{<1,1>,<2,2>,<3,3>\}$。

$R_4 = \{<1,2>,<2,1>,<1,3>,<3,1>\}$。

定义 4.4 设 $n \in \mathbf{Z}^+$，$A_1,A_2,\cdots,A_n$ 为任意 n 个集合，$R \subseteq A_1 \times A_2 \times \cdots \times A_n$，则

(1) 称 R 为 $A_1,A_2,\cdots,A_n$ 间的 n 元关系。

(2) 若 $n = 2$，则称 R 为从 A_1 到 A_2 的二元关系。

(3) 若 $R = \varnothing$，则称 R 为空关系。

(4) 若 $E = A_1 \times A_2 \times \cdots \times A_n$，则称 R 为全域关系。

(5) 若 $A_1 = A_2 = \cdots = A_n = A$，则称 R 为 A 上的 n 元关系。

(6) 若 $I_A = \{(x,x) \mid x \in A\}$，则称 I_A 为 A 上的恒等关系。

例 4.4 设 $A = \{a,b\}$，$B = \{1,2\}$，求 A 上的恒等关系 I_A，A 到 B 的全域关系 E。

解：A 上的恒等关系 $I_A = \{<a,a>,<b,b>\}$。

A 到 B 的全域关系 $E = A \times B = \{<a,1>,<a,2>,<b,1><b,2>\}$。

定义 4.5 由 n 个具有给定次序的个体 $a_1,a_2,\cdots,a_n$ 组成的序列叫作有序 n 元组，记作 $<a_1,a_2,\cdots,a_n>$，其中 $a_i(i = 1,2,\cdots,n)$ 叫作该有序 n 元组的第 i 个坐标。

定义 4.6 设两个有序 n 元组 $<a_1,a_2,\cdots,a_n>$ 和 $<b_1,b_2,\cdots,b_n>$，如果 $a_i = b_i(i = 1,2,\cdots,n)$，则称这两个有序 n 元组相等，记为 $<a_1,a_2,\cdots,a_n> = <b_1,b_2,\cdots,b_n>$。

定义 4.7 设 $A_1,A_2,\cdots,A_n$ 是任意集合 $(n \geq 2)$，则称集合 $\{<a_1,a_2,\cdots,a_n> \mid a_i \in A_i, i = 1,2,\cdots,n\}$ 为集合 $A_1,A_2,\cdots,A_n$ 的笛卡儿积，记为 $A_1 \times A_2 \times \cdots \times A_n$。

定理 4.2 设 A,B 为任意两个有限集，则

$$|A \times B| = |A| \cdot |B|$$

推论 4.2 设 $A_1,A_2,\cdots,A_n$ 为任意 n 个有限集，则

$$|A_1 \times A_2 \times \cdots \times A_n| = |A_1| \cdot |A_2| \cdot \cdots \cdot |A_n|$$

定理 4.3 设 A、B、C、D 为任意非空集，则

(1) $A \times B \subseteq C \times D$ 当且仅当 $A \subseteq C, B \subseteq D$。

(2) $A \times B = C \times D$ 当且仅当 $A = C, B = D$。

定理 4.4 设 A、B、C 为任意集合,则

(1) $A \times (B \cup C) = (A \times B) \cup (A \times C)$。

(2) $(A \cup B) \times C = (A \times C) \cup (B \times C)$。

(3) $A \times (B \cap C) = (A \times B) \cap (A \times C)$。

(4) $(A \cap B) \times C = (A \times C) \cap (B \times C)$。

(5) $A \times (B - C) = (A \times B) - (A \times C)$。

(6) $(A - B) \times C = (A \times C) - (B \times C)$。

4.2 关系的表示方法

4.2.1 集合表示法

由二元关系的定义可以看出,二元关系是集合,所以集合的表示方法也适用于关系。

1. 列举法

可以用集合的列举法表示二元关系。例 4.4 中,A 上的恒等关系 $I_A = \{<a,a>, <b,b>\}$ 和 A 到 B 的全域关系 $E = A \times B = \{<a,1>, <a,2>, <b,1> <b,2>\}$ 都是用列举法表示的。

2. 描述法

二元关系也可以用集合的描述法来表示。

例 4.5 设 $A = \{1,2,3\}$,将下面用描述法表示的 A 上的二元关系用列举法表示。

(1) $R_1 = \{<x,y> \mid x 是 y 的倍数\}$。

(2) $R_2 = \{<x,y> \mid x - y \in A\}$。

(3) $R_3 = \{<x,y> \mid x \neq y\}$。

解:(1) $R_1 = \{<1,1>, <2,1>, <2,2>, <3,1>, <3,3>\}$。

(2) $R_2 = \{<2,1>, <3,1>, <3,2>\}$。

(3) $R_3 = \{<1,2>, <1,3>, <2,1>, <2,3>, <3,1>, <3,2>\}$。

因为关系是一个集合,所以定义集合的方法都可以用来定义关系。

4.2.2 关系矩阵表示法

定义 4.8 设 $m, n \in \mathbf{Z}^+$,$A = \{x_1, x_2, \cdots, x_m\}$,$B = \{y_1, y_2, \cdots, y_n\}$,$R$ 是从 A 到 B 的关系,令

$$M_R = \begin{bmatrix} a_{11} & a_{12} & \cdots & a_{1n} \\ a_{21} & a_{22} & \cdots & a_{2n} \\ \vdots & \vdots & & \vdots \\ a_{m1} & a_{m2} & \cdots & a_{mn} \end{bmatrix}$$

其中 $a_{ij} = \begin{cases} 1, & 若(x_i, y_j) \in R \\ 0, & 否则 \end{cases}$ $1 \leqslant i \leqslant m, 1 \leqslant j \leqslant n$，称 M_R 为 R 的关系矩阵。

规定：

(1) 对于二元关系的序偶$<x, y>$，其左元素表示行，右元素表示列。

(2) 若 $x_i R y_j$，则在对应位置上记 1，否则记 0。

例 4.6 已知集合 $A = \{1, 2, 3, 4\}$，并定义 A 上的关系 $R = \{<1, 2>, <1, 3>, <2, 1>, <2, 2>, <3, 3>, <4, 3>\}$，求 R 的关系矩阵。

解：R 的关系矩阵为

$$M_R = \begin{bmatrix} 0 & 1 & 1 & 0 \\ 1 & 1 & 0 & 0 \\ 0 & 0 & 1 & 0 \\ 0 & 0 & 1 & 0 \end{bmatrix}$$

例 4.7 设 $X = \{a, b, c\}$，$y = \{1, 2\}$，R_1 是 X 到 Y 的关系，称 R_1 是 X 到 Y 的全域关系，$R_1 = X \times Y = \{<a, 1>, <a, 2>, <b, 1>, <b, 2>, <c, 1>, <c, 2>\}$，求 R_1 的关系矩阵。

解：R_1 的关系矩阵为

$$M_{R_1} = \begin{bmatrix} 1 & 1 \\ 1 & 1 \\ 1 & 1 \end{bmatrix}$$

4.2.3 关系图表示法

定义 4.9 设 A 和 B 是任意的非空有限集，R 是一个从 A 到 B 的关系，以 $A \cup B$ 中的每个元素为一个节点，对每个$(x, y) \in R$，画一条从 x 到 y 的有向边，得到一个有向图 G_R，称为 R 的关系图。把 X, Y 集合中的元素以点的形式全部画在平面上，若 $x_i R y_j$，则在 x_i 和 y_j 之间画一条有向弧，反之，不画任何曲线。

例 4.8 已知集合 $A = \{1, 2, 3, 4\}$，并定义 A 上的关系，$R = \{<1, 2>, <1, 3>, <2, 1>, <2, 2>, <3, 3>, <4, 3>\}$，画出 R 的关系图。

解：R 的关系图如图 4.1 所示。

图 4.1 例 4.8 中 R 的关系图

定义 4.10 设 R 是从集合 A 到 B 的关系，令

$$\text{dom}R = \{x \mid x \in A \text{ 且有 } y \in B \text{ 使} <x, y> \in R\}$$

$\mathrm{ran}R=\{y\,|\,y\in B\ \text{且有}\ x\in A\ \text{使}<x,y>\in R\}$

则称 $\mathrm{dom}R$ 为 R 的定义域，$\mathrm{ran}R$ 为 R 的值域。

从定义可以看出，R 的定义域实际上是由 R 中所有序偶的第一坐标构成的集合，R 的值域是由 R 中所有序偶的第二坐标构成的集合。

例 4.9　设 $X=\{1,2,3,4,5,6\}$，$y=\{a,b,c,d,e,f\}$，令 $R=\{<1,a><2,b><3,c><4,d>\}$，则 R 是 X 到 Y 的二元关系。求 R 的定义域和值域并画出 R 的关系图。

解：$\mathrm{dom}R=\{1,2,3,4\}$，$\mathrm{ran}R=\{a,b,c,d\}$。

R 的关系图如图 4.2 所示。

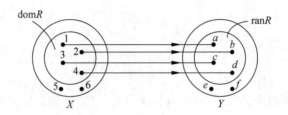

图 4.2　R 的关系图

一般情况，称 X 为 R 的前域，称 Y 为 R 的陪域。

4.3　关系的运算

关系作为一个集合，也可以进行集合的各种运算，并且运算的结果仍然是一个集合，同时，这个集合也是一个新的关系。另外，关系作为一种特殊的集合，除了可以进行集合运算之外，还可以进行其他运算。本节主要讨论关系的复合运算和逆运算。

4.3.1　复合运算

定义 4.11　设 R_1 为从集合 A 到集合 B 的关系，R_2 为从集合 B 到集合 C 的关系，则称 A 到 C 的关系 $\{<x,z>\,|\,x\in A,z\in C,\text{有}\ y\in B\ \text{使}<x,y>\in R_1\ \text{且}<y,z>\in R_2\}$ 为 R_1 与 R_2 的复合关系，记为 $R_1\circ R_2$。这种从 R_1 和 R_2 得到 $R_1\circ R_2$ 的运算称为关系的复合运算。

复合关系可以通过定义、关系矩阵、关系图等方法进行计算。求复合关系 $R_1\circ R_2$ 时，简便方法是先选择元素较少的关系，如果元素较少的关系是 R_1，则对 R_1 中的每一个元素 $<x,y>$，在 R_2 中找出有序偶的第一分量为 y 的所有元素 $<y,z_i>$，并将所有不在 $R_1\circ R_2$ 中的 $<x,z_i>$ 放入 $R_1\circ R_2$ 中；如果元素较少的关系是 R_2，则对 R_2 中的每一个元素 $<x,y>$，在 R_1 中找出有序偶的第二分量为 x 的所有元素 $<z_i,x>$，并将所有不在 $R_1\circ R_2$ 中的 $<z_i,y>$ 放入 $R_1\circ R_2$ 中。

例 4.10　设 $R_1=\{<1,2>,<3,4>,<2,2>\}$，$R_2=\{<4,2>,<2,5>,<3,1>\}$，求 $R_1\circ R_2,R_2\circ R_1,R_1\circ R_1$ 和 $R_2\circ R_2$。

解：$R_1\circ R_2=\{<1,5>,<3,2>,<2,5>\}$。

$R_2 \circ R_1 = \{<4,2>,<3,2>\}$。

$R_1 \circ R_1 = \{<1,2>,<2,2>\}$。

$R_2 \circ R_2 = \{<4,5>\}$。

定理 4.5 设集合 $A = \{a_1,a_2,\cdots,a_m\}$，$B = \{b_1,b_2,\cdots,b_n\}$，$C = \{c_1,c_2,\cdots,c_p\}$，$R_1$ 为从集合 A 到集合 B 的关系，其关系矩阵 $\boldsymbol{M}_{R_1}$ 是 $m \times n$ 阶矩阵，R_2 为集合 B 到集合 C 的关系，其关系矩阵 $\boldsymbol{M}_{R_2}$ 是 $n \times p$ 阶矩阵，则复合关系 $R_1 \circ R_2$ 是 A 到 C 的关系，关系矩阵 $\boldsymbol{M}_{R1 \circ R2}$ 是 $m \times p$ 阶矩阵，且 $\boldsymbol{M}_{R_1 \circ R_2} = \boldsymbol{M}_{R_1} \boldsymbol{M}_{R_2} = (W_{ij})$。其中，$W_{ij} = \bigvee_{k=1}^{n} (u_{jk} \wedge u_{kj})(i = 1,2,\cdots,m; j = 1,2,\cdots,p)$ 是按布尔运算进行的矩阵的乘法。布尔矩阵乘法是把矩阵乘法中的 $+$ 改为 $\vee$，$-$ 改为 $\wedge$，其他不变，记为 $\boldsymbol{M}_R \cdot \boldsymbol{M}_S$。

逻辑加法：$\vee$ 是求逻辑和，$0 \vee 0 = 0$，$0 \vee 1 = 1$，$1 \vee 0 = 1$，$1 \vee 1 = 1$。

逻辑乘法：$\wedge$ 是求逻辑积，$0 \wedge 0 = 0$，$0 \wedge 1 = 0$，$1 \wedge 0 = 0$，$1 \wedge 1 = 1$。

在计算的时候，应两两先计算合取，再计算析取，因为析取只要出现一个 1，则可以忽略其他而得到结果为 1，利用这点可以简化计算。

例 4.11 已知集合 $A = \{1,2,3,4,5\}$，$B = \{3,4,5\}$，$C = \{1,2,3\}$，A 到 B 的关系 $R_1 = \{<1,5>,<2,4>,<3,3>,<4,5>\}$，$B$ 到 C 的关系 $R_2 = \{<3,1>,<4,2>,<5,3>\}$。利用矩阵和关系图方法求 $R_1 \circ R_2$。

解：方法一，矩阵法。

R_1 的关系矩阵 $\boldsymbol{M}_{R_1}$ 为

$$\boldsymbol{M}_{R_1} = \begin{bmatrix} 0 & 0 & 1 \\ 0 & 1 & 0 \\ 1 & 0 & 0 \\ 0 & 0 & 1 \\ 0 & 0 & 0 \end{bmatrix}$$

R_2 的关系矩阵 $\boldsymbol{M}_{R_2}$ 为

$$\boldsymbol{M}_{R_2} = \begin{bmatrix} 1 & 0 & 0 \\ 0 & 1 & 0 \\ 0 & 0 & 1 \end{bmatrix}$$

$$\boldsymbol{M}_{R_1 \circ R_2} = \boldsymbol{M}_{R_1} \circ \boldsymbol{M}_{R_2} = \begin{bmatrix} 0 & 0 & 1 \\ 0 & 1 & 0 \\ 1 & 0 & 0 \\ 0 & 0 & 1 \\ 0 & 0 & 0 \end{bmatrix} \circ \begin{bmatrix} 1 & 0 & 0 \\ 0 & 1 & 0 \\ 0 & 0 & 1 \end{bmatrix} = \begin{bmatrix} 0 & 0 & 1 \\ 0 & 1 & 0 \\ 1 & 0 & 0 \\ 0 & 0 & 1 \\ 0 & 0 & 0 \end{bmatrix}$$

第 1 行第一列：$(0 \wedge 1) \vee (0 \wedge 0) \vee (1 \wedge 0) = 0$

第 1 行第二列：$(0 \wedge 0) \vee (0 \wedge 1) \vee (1 \wedge 0) = 0$

第 1 行第三列：$(0 \wedge 0) \vee (0 \wedge 0) \vee (1 \wedge 1) = 1$

$\vdots$

依次类推，可得 $R_1 \circ R_2 = \{<1,3>,<2,2>,<3,1>,<4,3>\}$

方法二：关系图法。

$R_1 \circ R_2$ 关系图如图 4.3 所示。

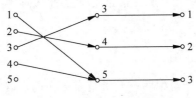

图 4.3　$R_1 \circ R_2$ 关系图

图 4.3 中长度为 2 的路有 4 条：$1 \to 5 \to 3, 2 \to 4 \to 2, 3 \to 3 \to 1, 4 \to 5 \to 3$，这 4 条路中的第 1 条边均来自于 R_1，第 2 条边均来自于 R_2，所以，$R_1 \circ R_2 = \{<1,3>, <2,2>, <3,1>, <4,3>\}$。

定理 4.6　设 A、B、C、D 为任意集合，R_1 是从 A 到 B 的关系，R_2 和 R_3 是从 B 到 C 的关系，R_4 是从 C 到 D 的关系，于是有

(1) 若 $R_2 \subseteq R_3$，则 $R_1 \circ R_2 \subseteq R_1$；

(2) 若 $R_2 \subseteq R_3$，则 $R_1 \circ R_2 \subseteq R_1 \circ R_3, R_2 \circ R_4 \subseteq R_3 \circ R_4$；

(3) $R_1 \circ (R_2 \cup R_3) = (R_1 \circ R_2) \cup (R_1 \circ R_3)$；

(4) $(R_2 \cup R_3) \circ R_4 = (R_2 \circ R_4) \cup (R_3 \circ R_4)$；

(5) $R_1 \circ (R_2 \cap R_3) \subseteq (R_1 \circ R_2) \cap (R_1 \circ R_3)$；

(6) $(R_2 \cap R_3) \circ R_4 \subseteq (R_2 \circ R_4) \cap (R_3 \circ R_4)$；

(7) $(R_1 \circ R_2) \circ R_4 = R_1 \circ (R_2 \circ R_4)$。

定义 4.12　设 $R_1, R_2, \cdots, R_n$ 分别是 A_1 到 A_2, A_2 到 $A_3, \cdots, A_n$ 到 A_{n+1} 的关系，则称关系 $\{<x_1, x_{n+1}> | x_1 \in A, x_{n+1} \in A_{n+1}$，存在 $x_2 \in A_2, x_3 \in A_3, \cdots, x_n \in A_n$，使 $<x_1, x_2> \in R_1, <x_2, x_3> \in R_2, \cdots, <x_n, x_{n+1}> \in R_n\}$ 为 $R_1, R_2, \cdots, R_n$ 的复合，记为 $R_1 \circ R_2 \circ \cdots \circ R_n$；

当 $A_1 = A_2 = \cdots = A_{n+1} = A, R_1 = R_2 = \cdots = R_n = R$ 时，则复合关系 $R_1 \circ R_2 \circ \cdots \circ R_n = R \circ R \circ \cdots \circ R$ 称为 R 的 n 次幂，记为 R^n。

有 $R^0 = \{<x,x> | x \in A\} = I_A, R^{n+1} = R^n \circ R$。

例 4.12　设 $A = \{a, b, c, d, e, f\}, R = \{<a,a>, <a,b>, <b,c>, <c,d>, <d,e>, <e,f>\}$。求 $R^n (n = 1, 2, 3, 4, \cdots)$。

解：$R^1 = R$

$R^2 = R \circ R = \{<a,a>, <a,b>, <a,c>, <b,d>, <c,e>, <d,f>\}$

$R^3 = R^2 \circ R = \{<a,a>, <a,b>, <a,c>, <a,d>, <b,e>, <c,f>\}$

$R^4 = R^3 \circ R = \{<a,a>, <a,b>, <a,c>, <a,d>, <a,e>, <b,f>\}$

$R^5 = R^4 \circ R = \{<a,a>, <a,b>, <a,c>, <a,d>, <a,e>, <a,f>\}$

$R^6 = R^5 \circ R = \{<a,a>, <a,b>, <a,c>, <a,d>, <a,e>, <a,f>\} = R^5$

$R^7 = R^6 \circ R = \{<a,a>, <a,b>, <a,c>, <a,d>, <a,e>, <a,f>\} = R^5$

$\vdots$

$R^n = R^5 (n > 5)$

幂集 R^n 的基数并没有随着 n 的增加而增加,而是呈现非递增的趋势,关系的幂运算也可以用关系矩阵运算实现。

注意:若 $|X|=n$,则 X 中的二元关系 R 的幂是有限的。一般不用求出超过 X 的基数次幂。

4.3.2　逆运算

关系是有序对的集合,有序对中两个元素是有顺序的。若将给定关系中的所有有序对的两个元素的次序互换一下,就可以得到一个新的关系。

定义 4.13　设 R 是从集合 A 到 B 的关系,则从 B 到 A 的关系为 $\{(y,x) \mid y\in B, x\in A$ 且 $(x,y)\in R\}$,称为关系 R 的逆关系,记为 R^{-1}。这种从 R 得到 R^{-1} 的运算,叫作关系的逆运算。

显然,从集合 A 到 B 的关系 R 的逆关系是将 R 中每一个序偶的坐标顺序互换所得到的集合。

例 4.13　已知 $X=\{1,2,3\}$,$y=\{a,b,c\}$,设 R 是从 X 到 Y 的关系:$R=\{<1,a>$,$<2,b>,<3,c>\}$,求 R^{-1},并画出 R 的关系图和 R^{-1} 的关系图。

解:由定义 4.14 得 $R^{-1}=\{<a,1>,<b,2>,<c,3>\}$。

R 的关系图和 R^{-1} 的关系图如图 4.4 所示。

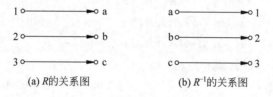

$\qquad$(a) R 的关系图　　　　　　(b) R^{-1} 的关系图

图 4.4　R 和 R^{-1} 的关系图

定理 4.7　设 A、B 为非空有限集,R 是从 A 到 B 的关系,R^{-1} 是 R 的逆关系,则有

(1) $M_{R^{-1}}=M_R^{\mathrm{T}}$($M_R^{\mathrm{T}}$ 为 M_R 的转置矩阵,即将 M_R 中的行和列互换);

(2) 把 G_R 的每条有向边反向,就得到 R^{-1} 的关系图 $G_{R^{-1}}$。

例 4.14　已知 $A=\{0,1,2\}$,$R=\{<0,0>,<0,1>,<1,2>,<2,2>\}$ 是 A 上的二元关系,求 R^{-1},并写出它的关系矩阵和关系图。

解:由定义 4.13 可得 $R^{-1}=\{<0,0>,<1,0>,<2,1>,<2,2>\}$。

R 的关系矩阵为

$$M_R=\begin{bmatrix} 1 & 1 & 0 \\ 0 & 0 & 1 \\ 0 & 0 & 1 \end{bmatrix}$$

R^{-1} 的关系矩阵为

$$M_{R^{-1}}=\begin{bmatrix} 1 & 0 & 0 \\ 1 & 0 & 0 \\ 0 & 1 & 1 \end{bmatrix}$$

所以,R^{-1} 的关系矩阵 $M_{R^{-1}}$ 是 R 的关系矩阵 M_R 的转置矩阵,即 $M_{R^{-1}}=M_R^{\mathrm{T}}$。
R 和 R^{-1} 的关系图如 4.5 所示。

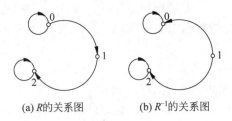

(a) R的关系图　　　　(b) R^{-1}的关系图

图 4.5　R 和 R^{-1} 的关系图

定理 4.8　设 R 和 $R_i(i=1,2,\cdots)$ 都是从集合 A 到集合 B 的二元关系,则有
(1) $(R^{-1})^{-1}=R$;
(2) 若 $R_1\subseteq R_2$,则 $R_1^{-1}\subseteq R_2^{-1}$;
(3) 若 $R_1=R_2$,则 $R_1^{-1}=R_2^{-1}$。

例 4.15　设集合 $A=\{a,b,c,d\}$,A 上的关系为 $R=\{<a,a>,<a,d>,<b,d>,<c,a>,<c,b>,<d,c>\}$。求 R^{-1} 和 $(R^{-1})^{-1}$。

解: $R^{-1}=\{<a,a>,<d,a>,<d,b>,<a,c>,<b,c>,<c,d>\}$。
$(R^{-1})^{-1}=\{<a,a>,<a,d>,<b,d>,<c,a>,<c,b>,<d,c>\}=R$。

定理 4.9　设集合 A、B、C,R_1 是从 A 到 B 的关系,R_2 是从 B 到 C 的关系,则有
$(R_1\circ R_2)^{-1}=R_2^{-1}\circ R_1^{-1}$。

推论 4.3　设 $n\in\mathbf{N}$,R 是集合 A 上的二元关系,则 $(R^n)^{-1}=(R^{-1})^n$。

4.4　关系的性质

关系的性质既是对关系概念的深入理解与掌握,又是关系的闭包、等价关系、相容关系、偏序关系的基础。本节主要讨论关系的五种性质,即自反性、反自反性、对称性、反对称性和传递性。

4.4.1　关系的五种性质

定理 4.10　设 R 是集合 A 上的二元关系,则有
(1) 对任意的 $x\in A$,有 $<x,x>\in R$,称 R 为 A 上的自反关系,或称 R 具有自反性;
(2) 对任意的 $x\in A$,有 $<x,x>\notin R$,称 R 为 A 上的反自反关系,或称 R 具有反自反性;
(3) 对任意的 $x,y\in A$,若 $<x,y>\in R$,则 $<y,x>\in R$,称 R 为 A 上的对称关系,或称 R 具有对称性;
(4) 对任意的 $x,y\in A$,若 $<x,y>\in R$,且 $x\neq y$,则 $<y,x>\notin R$,称 R 为 A 上的反对称关系,或称 R 具有反对称性;
(5) 对任意的 $x,y,z\in A$,均有 $<x,y>\in R$,且 $<y,z>\in R$,则 $<x,z>\in R$,R 为 A

上的传递关系,或称 R 具有传递性。

例 4.16　设 $X=\{a,b,c\},R=\{<a,a>,<b,b>,<c,c>,<a,b>\}$判定关系 R 的自反性。

解：R 的关系矩阵和关系图如图 4.6 所示。

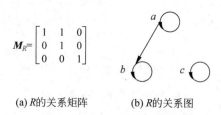

$$M_R=\begin{bmatrix} 1 & 1 & 0 \\ 0 & 1 & 0 \\ 0 & 0 & 1 \end{bmatrix}$$

(a) R的关系矩阵　　　(b) R的关系图

图 4.6　R 的关系矩阵和关系图

主对角线元素都为 1,图中每个顶点都有环,则 R 具有自反性。

例 4.17　设 $X=\{1,2,3\},R_1=\{<1,2>,<2,1>\},R_2=\{<1,2>\},R_3=\{<2,1>\}$;判定关系 R_1,R_2,R_3 的自反性。

解：R_1、R_2、R_3 的关系矩阵和关系图如图 4.7 所示。

$$M_{R_1}=\begin{bmatrix} 0 & 1 & 0 \\ 1 & 0 & 0 \\ 0 & 0 & 0 \end{bmatrix} \qquad M_{R_2}=\begin{bmatrix} 0 & 1 & 0 \\ 0 & 0 & 0 \\ 0 & 0 & 0 \end{bmatrix} \qquad M_{R_3}=\begin{bmatrix} 0 & 0 & 0 \\ 1 & 0 & 0 \\ 0 & 0 & 0 \end{bmatrix}$$

(a) R_1的关系矩阵　　　(b) R_2的关系矩阵　　　(c) R_3的关系矩阵

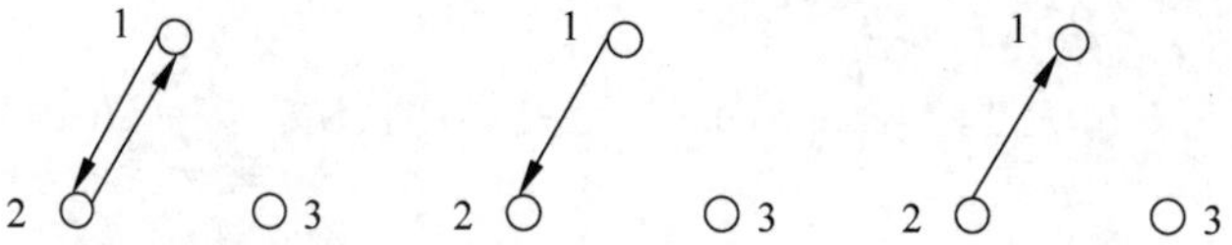

(d) R_1的关系图　　　(e) R_2的关系图　　　(f) R_3的关系图

图 4.7　R_1、R_2、R_3 的关系矩阵和关系图

主对角线元素都为 0,图中每个顶点都无环,因此 R_1、R_2、R_3 都具有反自反性。

例 4.18　$A=\{1,2,3\},R_1=\{<1,1>,<2,2>\},R_2=\{<1,1>,<2,2>,<3,3>,<1,2>\},R_3=\{<1,3>\}$。说明 R_1、R_2、R_3 是否为 A 上的自反关系。

解：只有 R_2 是 A 上的自反关系,因为 $I_A\subseteq R_2$;而 R_1 和 R_3 都不是 A 上自反的关系,因为$<3,3>\notin R_1$,所以 R_1 不是自反的;$<1,1>,<2,2>,<3,3>\notin R_3$,所以 R_3 不是自反的。

注意：不存在既自反又反自反的关系。

例 4.19　$A=\{1,2,3\},R_1=\{<1,1>,<2,2>,<2,3>,<3,2>\},R_2=\{<1,1>,<2,3>,<3,1>\},R_3=\{<1,1>,<3,3>\},R_4=\{<1,1>,<2,3>,<3,2>,<3,1>\}$,判定 R_1、R_2、R_3、R_4 是否具有对称性和反对称性。

解：R_1 具有对称性,R_2 具有反对称性,R_3 既具有对称性又具有反对称性,R_4 既不具有对称性又不具有反对称性。

注意：反对称性不是对称性的简单否定。若 R 不是对称关系，则 R 也不一定是反对称关系，即一个关系可能既不是对称关系，又不是反对称关系。

例 4.20　设 $A=\{a,b,c\}$，判定下列关系是否具有传递性

$R_1=\{<a,b>,<b,c>,<a,c>\}$；

$R_2=\{<a,b>,<b,a>,<a,a>\}$；

$R_3=\{<a,b>,<c,c>\}$。

解：R_1 具有传递性，R_2 不具有传递性，R_3 具有传递性。

关系的五种性质的关系矩阵和关系图特征如表 4.1 所示。

表 4.1　关系的五种性质的关系矩阵和关系图特征

关系特性	关系矩阵特征	关系图特征
自反性	主对角线元素都为 1	图中每个顶点都有环
反自反性	主对角线元素都为 0	图中每个顶点都没有环
对称性	矩阵为对称矩阵	若两顶点间有边，则必是一对方向相反的边
反对称性	若 $i\geqslant1,j\leqslant n$ 且 $i\neq j$，则 $a_{ij}\cdot a_{ji}=0$	两个不同的顶点间若有边，至多有一条边，但允许没有边
传递性	若有正整数 $k\leqslant n$ 使 $a_{ik}\cdot a_{kj}=1$，则 $a_{ij}=1$	若顶点 x_i 到 x_j 有回路，则 x_i 到 x_j 必有直达边

例 4.21　非空集 A 上特殊的五种性质关系如表 4.2 所示，表中 √ 表示具有该性质，× 表示不具有该性质。

表 4.2　特殊的五种性质关系

特殊关系	自 反 性	反自反性	对 称 性	反 对 称 性	传 递 性
空关系 ∅	×	√	√	√	√
全域关系 E	√	×	√	×	√
恒等关系 I_A	√	×	√	√	√
$P(A)$ 上的包含关系	√	×	×	√	√

注意：判断关系的性质还可以通过复合矩阵法和中途点判别法。

（1）复合矩阵法。

思路：设 M 是 R 的关系矩阵，若 $M\times M$ 为 M 的子集，则 R 具有传递性。

判断方法：计算 $M\times M$。$M\times M$ 为 M 的子集的意思指在方阵对应的同行同列的位置，若对于 M，该数为 0，则对于 $M\times M$，该数必为 0，否则 R 不具有传递性。

即：若 M 中的 $a_{ij}=0$，则必有 $M\times M$ 中的 $c_{ij}=0$。

复合矩阵法：利用矩阵表示方法，遍历这个矩阵如果遇到一个等于 1 的位置，记录位置，利用其纵坐标当下一个数的横坐标，在此横坐标下找到是 1 的位置，记录这个位置，在利用上一个数位置的横坐标和这个数的纵坐标找到一个新的位置，如果这个位置上是 1，那么这个数就具有传递性，然后继续遍历进行这个循环操作，知道检查到所有的数都对上了，这个二元关系才可说具有传递性，有一个不符的都不是传递性的二元关系。

（2）中途点判别法。

设 R 是非空集 A 上的二元关系,若 $<a,b>\in R$,$<b,c>\in R$,$a\neq b$,$b\neq c$,则称点 b 是关系 R 的一个"中途点"。

R 具有传递性,强调的正是对 R 中每一个这样的中途点 b,从所有对应的起点 a 到所有对应的中点 c 之间必有关系 R,即必有 $<a,c>\in R$。注意,这里有可能 $a=c$。

传递性定义的否定形式为:R 不具有传递性 $\Leftrightarrow R$ 中存在某个中途点 b,$<a,b>\in R$,$<b,c>\in R$,$a\neq b$,$b\neq c$ 但 $<a,c>\notin R$。

由此得到一种重要的特殊情况:"当 R 中没有这样的中途点时,R 一定具有传递性"。特别地,空关系 $\varnothing$ 和恒等关系 I_A 都具有传递性。据此在关系矩阵 $\boldsymbol{A}=(a_{ij})m\times n$ 上的反映如下:

具有传递性 $\Leftrightarrow$ 若对每一个 $a_{ik}(k=1,2,\cdots,n,)$ 存在 i,j,使得 $a_{ik}=a_{kj}=1$,则必有 $a_{ij}=1$。

不具有传递性 $\Leftrightarrow$ 若 $\boldsymbol{A}$ 中存在 k,使得 $a_{ik}=a_{kj}=1$,则必有 $a_{ij}=0$。

判断方法:

① 依次选取 $\boldsymbol{A}$ 中主对角线上元素 $a_{ik}(k=1,2,\cdots,n)$（并以此元素为中心点划横、纵线各一条,即在第 k 行与第 k 列上各画一条线,可用实线表示）;

② 在第 k 行元素中依次找出所有非零元素,设为 $a_{kj}(1\leq j\leq n)$,并在此元素所在的第 j 列上画一条线,可用虚线表示,显然 $a_{kj}=1$;

③ 在第 k 列元素中依次找出所有非零元素,设为 $a_{ik}(1\leq i\leq n)$,并在此元素所在的第 i 行上画一条线,可用虚线表示,显然 $a_{ik}=1$;

判别:若②、③中两条虚线的焦点出的元素非零,则可以判别关系 R 是传递的,反之不是。

注:若 $X=\varnothing$,则 X 上的空关系 $\varnothing$ 具有反自反性、对称性、反对称性和传递性。

4.4.2　关系性质的证明

在二元关系中,除了对一个具体的关系判断它具有哪些性质外,更多的是针对一个抽象的关系,利用它的特点来证明它具有某个性质。在证明这类问题时,一般采用定义证明的方法,证明时不能仅用题目所给的已知条件,还要同时结合定义中的"已知",并且推出的并非整个定义,而是定义中的结论。

由于关系是特殊的集合,其证明的方法也可以按集合中的定义证明方法来证明。

例 4.22　设 R_1、R_2 是集合 A 上的两个关系,并且 R_1、R_2 具有传递性,求证 $R_1\bigcap R_2$ 也具有传递性。

证明: 对任意的 $x,y\in A$,有

$<x,y>\in R_1\bigcap R_2$ 且 $<y,z>\in R_1\bigcap R_2$

$\Leftrightarrow <x,y>\in R_1$ 且 $<x,y>\in R_2$ 且 $<y,z>\in R_1$ 且 $<y,z>\in R_2$

$\Leftrightarrow (<x,y>\in R_1$ 且 $<y,z>\in R_2)$ 且 $(<x,y>\in R_1$ 且 $<y,z>\in R_2)$

又因为 R_1、R_2 具有传递性,所以

$\Leftrightarrow (<x,y>\in R_1$ 且 $<y,z>\in R_1)$ 且 $(<x,y>\in R_2$ 且 $<y,z>\in R_2)$

$$\Leftrightarrow <x,z>\in R_1 \text{ 且 } <x,z>\in R_2$$
$$\Leftrightarrow <x,z>\in R_1 \bigcap R_2$$

根据定义,$R_1 \bigcap R_2$ 具有传递性。

定理 4.11 设 R 是集合 A 上的关系,则

(1) R 是自反关系的充要条件是 $I_A \subseteq R$;

(2) R 是反自反关系的充要条件是 $I_A \bigcap R=\varnothing$;

(3) R 是对称关系的充要条件是 $R^{-1}=R$;

(4) R 是反对称关系的充要条件是 $R \bigcap R^{-1}=I_A$;

(5) R 是传递关系的充要条件是 $R \circ R \subseteq R$。

证明: (3) 充分性。若 $R^{-1}=R$,R 是对称的,对任意的 $x,y \in A$,若 $<x,y>\in R$,则 $<y,x>\in R^{-1}$,因为 $R^{-1}=R$,所以 $<y,x>\in R$,因此 R 是对称的。

必要性。若 R 是对称的,则 $R^{-1}=R$,对任意的 $<x,y>\in A$,若 $<x,y>\in R$,因此 $R^{-1}\subseteq R$;另一方面,对任意的 $<x,y>\in R$,因为 R 是对称的,所以 $<y,x>\in R$,因此 $<x,y>\in R^{-1}$,故 $R \subseteq R^{-1}$。

综上所述,$R=R^{-1}$。

(5) 必要性。若 R 是传递的,则 $R \circ R \subseteq R$。对任意的 $<x,y>\in R \circ R$,存在 $z \in A$,$<x,z>\in R$ 且 $<z,y>\in R$,因为 R 是传递的,所以 $<x,y>\in R$,即 $R \circ R \subseteq R$。

充分性。若 $R \circ R \subseteq R$,则 R 是传递的。设 $<x,y>\in R$,$<y,z>\in R$,则 $<x,y>\in R \circ R$,因为 $R \circ R \subseteq R$,所以 $<x,z>\in R$,即 R 是传递的。

4.5 关系的闭包

在非空集 A 上定义的关系 R 不一定具备某种性质或某几种性质,而这些性质在研究某些具体问题时又非常重要,这时就需要构造一个基于此关系的新关系,使其具备我们所需要的性质,但又不希望新关系与 R 关系相差太多,即尽可能少地添加有序对,满足这些要求的新关系就称为 R 的闭包。本节主要介绍关系的自反、对称和传递闭包。

定义 4.14 设 R 为集合 A 上的二元关系,如果 A 上的二元关系 R' 满足

(1) R' 是自反的(对称的或传递的);

(2) $R \subseteq R'$;

(3) 若 A 上的二元关系 R'' 也满足 (1) 和 (2),则 $R' \subseteq R''$。

将 R 的自反闭包记作 $r(R)$,对称闭包记作 $s(R)$,传递闭包记为 $t(R)$。

从定义可以看出,R 的自反(对称,传递)闭包就是包含 R 并且具有自反(对称,传递)性质的最小关系。显然,若 R 已经是自反(对称,传递)的,那么 R 的自反(对称,传递)闭包就是它自身。

定理 4.12 设 R 是 A 上的二元关系,则有

(1) R 是自反的,当且仅当 $r(R)=R$;

(2) R 是对称的,当且仅当 $s(R)=R$;

(3) R 是传递的,当且仅当 $t(R)=R$。

定理 4.13	设 R 是集合 A 上的二元关系,则:

(1) $r(R)=R \cup I_A=R \cup R^0$;

(2) $s(R)=R \cup R^{-1}$;

(3) $t(R)=\bigcup\limits_{i=1}^{\infty}(R^i)=R \cup R^2 \cup R^3 \cup \cdots \cup R^i$。

证明: 因为 $I_A=R^0 \subseteq R \cup R^0$,所以 $R \cup R^0$ 是自反的,且 $R \subseteq R \cup R^0$。

设 R'' 是 A 上任意个包含 R 的自反关系,可知 $R \subseteq R''$ 且 $I_A \subseteq R''$,则对于任意的 $<x,y>$,有

$$<x,y> \in R \cup R^0$$
$$\Leftrightarrow <x,y> \in R \cup I_A$$
$$\Rightarrow <x,y> \in R'' \cup R''=R''$$

所以有 $R \cup R^0 \subseteq R''$,即 $r(R)=R \cup R^0$。

推论 4.4	设 A 为 n 个元素的有限集,R 为 A 上的二元关系,那么有 $t(R)=\bigcup\limits_{i=1}^{\infty}(R^i)$。

例 4.23	设集合 $A\{a,b,c,d\}$ 上的关系 $R=\{<a,b>,<b,a>,<b,c>,<c,d>\}$,求 $r(R)$、$s(R)$ 和 $t(R)$。

解: (1) 利用集合运算求闭包。

$$r(R)=R \cup R^0=\{<a,b>,<b,a>,<b,c>,<c.d>\} \cup \{<a,a>,$$
$$<b,b>,<c,c>,<d,d>\}$$
$$=\{<a,a>,<a,b>,<b,a>,<b,b>,<b,c>,$$
$$<c,c>,<c,d>,<d,d>\}$$

$$s(R)=R \cup R^{-1}=\{<a,b>,<b,a>,<b,c>,<c,d>\} \cup$$
$$\{<b,a>,<a,b>,<c,b>,<d,c>\}$$
$$=\{<a,b>,<b,a>,<b,c>,<c,b>,$$
$$<c,d>,<d,c>\}$$

$$R=\{<a,b>,<b,a>,<b,c>,<c,d>\}$$
$$R^2=R \circ R=\{<a,a>,<a,c>,<b,b>,<b,d>\}$$
$$R^3=R^2 \circ R=\{<a,b>,<a,d>,<b,a>,<b,c>\}$$
$$R^4=R^3 \circ R=\{<a,a>,<a,c>,<b,b>,<b,d>\}=R^2$$

$$t(R)=\bigcup\limits_{i=1}^{\infty}(R^i)=R \cup R^2 \cup R^3 \cup R^4$$
$$=\{<a,a>,<a,b>,<a,c>,<a,d>,<b,a>,<b,b>,$$
$$<b,c>,<b,d>,<c,d>\}$$

(2) 利用矩阵运算求闭包。

$$\boldsymbol{M_r}=\boldsymbol{M}+\boldsymbol{E}=\begin{bmatrix} 0 & 1 & 0 & 0 \\ 1 & 0 & 1 & 0 \\ 0 & 0 & 0 & 1 \\ 0 & 0 & 0 & 0 \end{bmatrix}+\begin{bmatrix} 1 & 0 & 0 & 0 \\ 0 & 1 & 0 & 0 \\ 0 & 0 & 1 & 0 \\ 0 & 0 & 0 & 1 \end{bmatrix}=\begin{bmatrix} 1 & 1 & 0 & 0 \\ 1 & 1 & 1 & 0 \\ 0 & 0 & 1 & 1 \\ 0 & 0 & 0 & 1 \end{bmatrix}$$

$$\boldsymbol{M}_S = \boldsymbol{M} + \boldsymbol{M}^{\mathrm{T}} = \begin{bmatrix} 0 & 1 & 0 & 0 \\ 1 & 0 & 1 & 0 \\ 0 & 0 & 0 & 1 \\ 0 & 0 & 0 & 0 \end{bmatrix} + \begin{bmatrix} 0 & 1 & 0 & 0 \\ 1 & 0 & 0 & 0 \\ 0 & 1 & 0 & 0 \\ 0 & 0 & 1 & 0 \end{bmatrix} = \begin{bmatrix} 0 & 1 & 0 & 0 \\ 1 & 0 & 1 & 0 \\ 0 & 1 & 0 & 1 \\ 0 & 0 & 1 & 0 \end{bmatrix}$$

$$\boldsymbol{M}_t = \boldsymbol{M} + \boldsymbol{M}^2 + \boldsymbol{M}^3 + \cdots = \begin{bmatrix} 0 & 1 & 0 & 0 \\ 1 & 0 & 1 & 0 \\ 0 & 0 & 0 & 1 \\ 0 & 0 & 0 & 0 \end{bmatrix} + \begin{bmatrix} 1 & 0 & 1 & 0 \\ 0 & 1 & 0 & 1 \\ 0 & 0 & 0 & 0 \\ 0 & 0 & 0 & 0 \end{bmatrix} + \begin{bmatrix} 0 & 1 & 0 & 0 \\ 1 & 0 & 1 & 0 \\ 0 & 1 & 0 & 1 \\ 0 & 0 & 1 & 0 \end{bmatrix}$$

$$= \begin{bmatrix} 1 & 1 & 1 & 1 \\ 1 & 1 & 1 & 1 \\ 0 & 0 & 0 & 1 \\ 0 & 0 & 0 & 0 \end{bmatrix}$$

（3）利用关系图求闭包。

R、$r(R)$、$s(R)$、$t(R)$ 的关系图如图 4.8 所示。

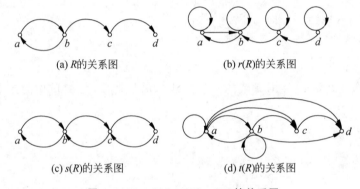

(a) R的关系图   (b) $r(R)$的关系图

(c) $s(R)$的关系图   (d) $t(R)$的关系图

图 4.8 R、$r(R)$、$s(R)$、$t(R)$ 的关系图

4.6 等价关系与划分

在日常生活或者计算机、数学等学科中,常常需要对某个集合上的元素按照某种方式进行分类,这种分类称为对集合的划分。集合的划分与等价关系密切相关。利用等价关系可以将集合中的元素分类,把一个大集合分成若干子集,并且同一子集中的元素是相互等价的,这些子集是大集合所包含的等价类。等价关系是最重要和最常见的二元关系。

4.6.1 等价关系

定义 4.15 设 R 是集合 A 上的二元关系,若 R 是自反、对称和传递的,则称 R 为等价关系。若 $<x,y> \in R$,称 x 等价于 y,记作 $x \sim y$。

例如,实数集上的相等关系、幂集上各子集间的相当关系、几何中的三角形相似关系等都是等价关系。

例 4.24　设关系 R 是定义在有理数集 $\mathbf{Q}$ 上的关系，并且 $<x,y>\in R$，当且仅当 $x-y$ 是整数。试证 R 是等价关系。

证明：自反性。对任意一个有理数集 $x\in\mathbf{Q}$，均有 $x-x=0$ 是整数。即对所有的有理数，有 $<x,x>\in R$，因此 R 满足自反性。

对称性。假设 $x,y\in\mathbf{Q}$，并且 $<x,y>\in R$，即 $x-y$ 是整数，则 $y-x=-(x-y)$ 也是整数，即 $<y,x>\in R$，因此 R 满足对称性。

传递性。假设 $x,y,z\in\mathbf{Q}$，并且 $<x,y>\in R$，$<y,z>\in R$，即 $x-y$ 于 $y-z$ 都是整数，则 $x-z=x-y+y-z=(x-y)+(y-z)$ 也是整数，即 $<x,z>\in R$，因此 R 满足传递性。

所以，R 是等价关系。

例 4.25　设集合 $A=\{a,b,c,d\}$，在集合 A 上定义的关系 $R=\{<a,a>,<a,d>,<b,b>,<b,c>,<c,b>,<c,c>,<d,a>,<d,d>\}$，试证 R 是 A 上的等价关系。

证明：关系 R 的关系矩阵为

$$\boldsymbol{M}_R=\begin{bmatrix}1&0&0&1\\0&1&1&0\\0&1&1&0\\1&0&0&1\end{bmatrix}$$

由关系矩阵可以看出，主对角线的元素都是 1，满足自反性；矩阵中的元素又是对称的，满足对称性。

关系 R^2 的关系矩阵为

$$\boldsymbol{M}_{R^2}=\begin{bmatrix}1&0&0&1\\0&1&1&0\\0&1&1&0\\1&0&0&1\end{bmatrix}$$

R^2 的关系矩阵与 R 的关系矩阵相同，并且有 $R^3,R^4,\cdots,R^i$ 都与 R 的关系矩阵相同，因此 $t(R)=R\cup R^2\cup R^3\cup\cdots\cup R^i$ 的关系矩阵与 R 的关系矩阵相同，因此，R 满足传递性。

由此可知，R 是 A 上的等价关系。

例 4.26　设 R 是集合 A 上的二元关系，判断 R 是否为 A 上的等价关系。

(1) $A=R,R=\{<x,y>|x,y\in A$ 且 $x-y=2\}$。

(2) $A=\{1,2,3\},R=\{<x,y>|x,y\in A$ 且 $x+y\neq3\}$。

(3) $A=Z^+,R=\{<x,y>|x,y\in A$ 且 $x\cdot y$ 是奇数$\}$。

解：(1) 不是，因为对任意的 $x\in A$，有 $x-x=0\neq2$，所以 $<x,x>\notin R$，故 R 不是自反的。

(2) 不是，因为 $1+3\neq3$ 且 $3+2\neq3$，即 $<1,3>\in R$ 且 $<3,2>\in R$，但 $1+2=3$，即 $<1,2>\notin R$，故 R 不是传递的。

(3) 不是，因为 $2\in A=\mathbf{Z}^+$，$2\times2=4$ 不是奇数，所以 $<2,2>\notin R$，故 R 不是自反的。

定义 4.16　设 R 为集合 A 上的等价关系,任取 $a \in A$,集合 $[a]_R = \{x \mid x \in A, <a,x> \in R\}$ 称为 a 形成的 R 的等价类,有时也简记为 $[a]$。

由定义知,$[a]_R$ 是非空的,因为至少有 $a \in [a]_R$。

例 4.27　设 $A = \{1,2,3,4,5,6,7,8\}$,A 上的关系 R 定义如下：$R = \{<x,y> \mid x,y \in A$ 且 x 与 y 是模 3 同余关系\},求 R 所构成的类。

解：R 所构成的类分别为

$$[1] = [4] = [7]$$
$$[2] = [5] = [8]$$
$$[3] = [6]$$

R 的关系图如图 4.9 所示。

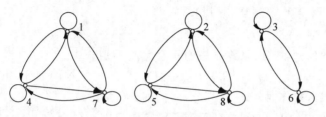

图 4.9　R 的关系图

在图 4.9 关系图中被分为三个互不相同的部分,每部分中的数两两都有关系,不同的部分中的数则没有关系。

定理 4.14　设 R 是集合 A 上的等价关系,对于 $a,b \in A$,有 $<a,b> \in R$ 当且仅当 $[a]_R = [b]_R$。

例如,例 4.27 中的等价类有

$$[1] = [4] = [7] = \{1,4,7\}$$
$$[2] = [5] = [8] = \{2,5,8\}$$
$$[3] = [6] = \{3,6\}$$

三个互不相同的部分,每一部分中的所有节点构成一个等价类,等价类中任何一个元素都可以作为它的代表元素。

4.6.2　集合的划分

定义 4.17　设 R 是集合 A 上的等价关系,则称集合 $\{[a]_R \mid a \in A\}$ 为 A 关于 R 的商集,记为 A/R,商集的基数称为等价关系 R 的秩。

例 4.28　设 $\mathbf{Z}$ 是整数集,$R = \{<x,y> \mid x,y \in \mathbf{Z}$ 且 $x - y$ 被 3 整除\},求商集 $\mathbf{Z}/R$。

解：由题意可知,R 是一个等价关系。R 所构成的类分别为

$$[0]_R = \{\cdots, -6, -3, 0, 3, 6, \cdots\}$$
$$[1]_R = \{\cdots, -5, -2, 1, 4, 7, \cdots\}$$
$$[2]_R = \{\cdots, -4, -1, 2, 5, 8, \cdots\}$$

商集为 $\mathbf{Z}/R = \{[0]_R, [1]_R, [2]_R\}$

4.6.3　集合的划分与等价关系

比较非空集 A 的划分与 A 的等价关系的商集的定义,可以发现一个划分就是一个等价关系。

定理 4.15　设 R 是集合 A 上的等价关系,则 A 关于 R 的商集 A/R 是 A 的一个划分,称 A 关于 R 的等价划分。

定理 4.16　集合 A 的一个划分确定 A 上的一个等价关系。

定义 4.18　设 A 是非空集,若 A 的子集族 $\pi(\pi \subseteq P(A)$,以 A 的子集为元素构成的集合)满足以下条件

(1) $\varnothing \notin \pi$;

(2) $\forall x \forall y(x,y \in \pi \wedge x \neq y \to x \bigcap y = \varnothing)$;

(3) $\bigcup\limits_{x \in \pi} x = A$。

则称 π 为 A 的一个划分,且称 π 中的元素为 A 的划分块。

$\pi_1 = \{A_1, A_2, \cdots, A_m\}$,$\pi_2 = \{B_1, B_2, \cdots, B_n\}$ 都是集合 A 的划分,如果对每个 A_i 均有一个 B_j 使 $A_i \subseteq B_j$,则称划分 π_1 是划分 π_2 的细分或加细。

例 4.29　设 $A = \{1,2,3\}$,判断下列子集族是否为 A 的划分。

(1) $\pi_1 = \{\{1,2\}, \{2,3\}\}$。

(2) $\pi_2 = \{\{1\}, \{1,3\}\}$。

(3) $\pi_3 = \{\{1\}, \{2,3\}\}$。

(4) $\pi_4 = \{\{1,2,3\}\}$。

(5) $\pi_5 = \{\{1\}, \{2\}, \{3\}\}$。

(6) $\pi_6 = \{\varnothing, \{1,2\}, \{3\}\}$。

解:根据定义 4.18 可以判断 π_3、π_4、π_5 为集合 A 的划分,其他都不是集合 A 的划分,因为 π_1 不满足条件(2),π_2 不满足条件(2)、(3),π_6 不满足条件(1)、(2)。

说明:设 A 为一给定的非空集,它的最小划分是由这个集合的全部元素组成的一个分块的集合,最大划分是由该集合的每一个元素构成的一个单元素分块的集合。

在例 4.29 中,π_4 是 A 的最小划分,π_5 是 A 的最大划分。

商集也是一个划分,等价类就是划分块,例如例 4.23 中的商集 $A/R = \{\{1,4,7\}, \{2,5,8\}, \{3,6\}\}$ 是 A 的一个划分。

例 4.30　设 $A = \{1,2,3\}$,求 A 上的所有等价关系。

解:集合 A 的五种划分如图 4.10 所示,找出它们所对应的等价关系。

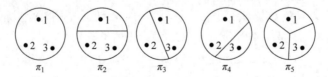

图 4.10　集合 A 的五种划分

A 的不同划分只有五种,对应于划分 $\pi_i(i,2,\cdots,5)$ 的等价关系 R_i,则有:

$$R_1 = \{<1,1>,<2,2>,<3,3>,<1,2>,<2,1>,$$
$$<1,3>,<3,1>,<2,3>,<3,2>\}$$
$$R_2 = \{<1,1>,<2,2>,<3,3>,<2,3>,<3,2>\}$$
$$R_3 = \{<1,1>,<2,2>,<3,3>,<1,3>,<3,1>\}$$
$$R_4 = \{<1,1>,<2,2>,<3,3>,<1,2>,<2,1>\}$$
$$R_5 = \{<1,1>,<2,2>,<3,3>\}$$

例 4.31 设 $A=\{1,2,3,4,5\}$,A 上的二元关系 R 中有多少是等价关系?

解:A 的划分可分为如下几种情况。

(1) 划分成 5 个只含 1 个元素的块,共有 1 种。

(2) 划分成 1 个含 2 个元素,3 个只含 1 个元素的块,共有 10 种。

(3) 划分成 2 个只含 2 个元素,1 个只含 1 个元素的块,共有 15 种。

(4) 划分成 1 个只含 3 个元素,2 个只含 1 个元素的块,共有 10 种。

(5) 划分成 1 个只含 3 个元素,1 个只含 2 个元素的块,共有 10 种。

(6) 划分成 1 个只含 4 个元素,1 个只含 1 个元素的块,共有 5 种。

(7) 划分成 1 个只含 5 个元素的块,共有 1 种。

综上所述,A 上的等价关系共有 $1+10+15+10+10+5+1=52$ 种。

4.7 次 序 关 系

"次序"是经常遇到的概念,如竞技比赛中的出场次序、多项指标的排名次序等,次序关系一般有偏序关系和拟序关系两种。

4.7.1 偏序的定义及表示

定义 4.19 设 R 是非空集 A 上的关系,若 R 是自反的、反对称和传递的,则称 R 为 A 上的偏序关系。A 与 R 合在一起称为偏序集,记作 $<A,R>$。

例 4.32 设 $A=\{2,3,4,6,8\}$,R 是集合 A 上的关系,且 $R=\{<2,2>,<2,4>,<2,6>,<2,8>,<3,3>,<3,6>,<4,4>,<4,8>,<6,6>,<8,8>\}$,求证 R 是偏序关系。

证明:(1) 利用集合的方法。

自反性。对 A 中的任意一个元素,有 $<2,2>,<3,3>,<4,4>,<6,6>,<8,8>\in R$,即对所有的元素有 $<x,x>\in R$,因此 R 具有自反性。

反对称性。A 中的 $<2,4>,<2,6>,<2,8>,<3,6>,<4,8>\in R$,但没有 $<y,x>\in R$,因此 R 具有反对称性。

传递性。A 中的 $<2,4>,<4,8>,<2,8>$ 即 $<x,z>\in R$,因此 R 具有传递性。

所以 R 是偏序关系。

（2）利用关系图的特点。

根据 R 关系画出的关系图如图 4.11 所示。

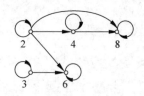

图 4.11　集合 A 的偏序关系

每个节点均有自反环,故 R 具有自反性;每两个节点间最多有一条边,故 R 具有反自反性;节点 2 间接通到节点 8,节点 2 到节点 8 有直达边,所以 R 是偏序关系。

定义 4.20　设 $<A,\leqslant>$ 为偏序集,对于任意的 $x,y\in A$,如果 $x\leqslant y$ 或者 $y\leqslant x$ 成立,则称 x 与 y 是可比的,$\leqslant$ 为 A 上的全序关系(或线序关系),且称 $<A,\leqslant>$ 为全序集。

设 $A=\{1,2,3,4,5\}$,则有

（1）A 上"小于或等于"关系是全序关系,因为任何两个数总是可比大小的;

（2）A 上"整除"关系不是全序关系,因为 2 与 3 是不可比的。

定义 4.21　设 $<A,\leqslant>$ 为偏序集。对于任意的 $x,y\in A$,若 $x\lessdot y$ 且不存在 $z\in A$,使得 $x\lessdot z\lessdot y$,则称 y 盖住 x。表示为 COV $A=\{<x,y>|x,y\in A\wedge y$ 盖住 $x\}$。

利用非空集 A 上偏序关系 R 可以简化其关系图,得到偏序集 $<A,\leqslant>$ 的哈斯图。设 $\leqslant$ 是集合 A 上的偏序关系,则 $\leqslant$ 的哈斯图作图规则如下:

（1）哈斯图中每个顶点代表 A 中的一个元素;

（2）若 $x\lessdot y$,则顶点 y 在顶点 x 的上方;

（3）若 $x\lessdot y$ 且 y 盖住 x,则在 x 与 y 间连一条无向边。

例 4.33　集合 $A=\{2,4,6,8\}$ 上的整除关系 $\leqslant=\{<2,2>,<3,3>,<6,6>,<8,8>,<2,6>,<2,8>,<3,6>\}$,判定是不是盖住关系,如果是,请画出哈斯图。

解: 根据定义 4.21 可得 COV $A=\{<2,6>,<2,8>,<3,6>\}$,COV $A\subseteq\leqslant$,对于偏序集 $<A,\leqslant>$,它的盖住关系 COV A 是唯一的,可以利用盖住关系作图,如图 4.12 所示。

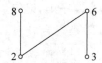

图 4.12　集合 A 的哈斯图

4.7.2　偏序集中的特殊元素

定义 4.22　设 $<A,\leqslant>$ 为偏序集,$B\subseteq A$。

（1）若 $\exists y\in B$,使得 $\forall x(x\in B\rightarrow y\leqslant x)$ 为真,则称 y 是 B 的最小元。

（2）若 $\exists y\in B$,使得 $\forall x(x\in B\rightarrow x\leqslant y)$ 为真,则称 y 是 B 的最大元。

（3）若 $\exists y\in B$,使得 $\neg\exists x(x\in B\wedge y\neq x\wedge x\leqslant y)$ 为真,则称 y 是 B 的极小元。

(4) 若 $\exists y \in B$，使得 $\neg \exists x (x \in B \land y \neq x \land y \leqslant x)$ 为真，则称 y 是 B 的极大元。

例 4.34　设偏序集 $<A, \leqslant>$ 的哈斯图如图 4.13 所示，求出集合 A 的偏序 $\leqslant$，并求出偏序集的最大元、最小元、极大元和极小元。

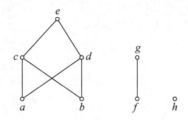

图 4.13　集合 A 的哈斯图

解：根据哈斯图可求得，

$A = \{a, b, c, d, e, f, g, h\}$。

$\leqslant = \{<a, c>, <a, d>, <a, e>, <b, c>, <b, d>, <b, e>, <c, e>, <d, e>,$
$<f, g>>\} \bigcup I_A$。

最大元：无

最小元：无

极大元：e, g, h

极小元：a, b, f, h

由定义 4.22 和例 4.34 可得出如下结论：

(1) 孤立点既是极大元又是极小元。

(2) 有限集 B 的极大元和极小元一定存在，极大元和极小元不唯一，不同的极大（极小）元是不可比的。

(3) 在哈斯图中，如果对于集合 B 的某个元素，不存在 B 的其他元素从上（下）方与其相通，则该元素就是 B 的极大（极小）元。

(4) 最大元和最小元不一定存在，如果存在，一定唯一。

(5) 在哈斯图中，如果集合 B 的某个元素向下（上）通向 B 的所有元素，则该元素就是 B 的最大（最小）元。

定理 4.17　设 $<A, \leqslant>$ 为偏序集，$B \subseteq A$。

(1) 若 y 为 B 的最大（最小）元，则 y 为 B 的极大（极小）元。

(2) 若 B 有最大（最小）元，则 B 的最大（最小）元唯一。

(3) 若 B 为有限集，则 B 的极大元、极小元恒存在。

定义 4.23　设 $<A, \leqslant>$ 为偏序集，$B \subseteq A$。

(1) 若 $\exists y \in A$，使得 $\forall x (x \in B \to y \leqslant x)$ 为真，则称 y 为 B 的下界。

(2) 若 $\exists y \in A$，使得 $\forall x (x \in B \to x \leqslant y)$ 为真，则称 y 为 B 的上界。

(3) 若 y 是一下界且对每一个 B 的下界 y' 有 $y' \leqslant y$，则称 y 为 B 的最大下界或下确界，记为 glb。

(4) 若 y 是一上界且对每一个 B 的上界 y' 有 $y \leqslant y'$，则称 y 为 B 的最小上界或上确界,记为 lub。

定理 4.18 设 $<A,\leqslant>$ 为偏序集,$B\subseteq A$。

(1) 若 y 为 B 之最大元(最小元),则 y 必为 B 最小上界或上确界(最大下界或下确界)。

(2) 若 y 为 B 之上(下)界,且 $y\in B$,则 y 必为 B 的最大(最小)元。

(3) 如果 B 有最大下界(最小上界),则最大下界(最小上界)唯一。

例 4.35 在例 4.34 中,若令 $B=\{c,d,e\}$,求 B 的上界、最小上界、下界和最大下界。

解:上界:e

最小上界:e

下界:a,b

最大下界:无

由定义 4.23 和例 4.35 可得出如下结论:

(1) 上(下)界不一定存在,不一定唯一;

(2) 上(下)确界不一定存在,若存在必唯一;

(3) 在哈斯图中,如果集合 A 的某个元素向下(上),则该元素就是 B 的上界(下界);

(4) B 的最小元一定是 B 的下界,同时也是 B 的下确界,同样,B 的最大元一定是 B 的上界,同时也是 B 的上确界,但反过来不一定正确,B 的下界不一定是 B 的最小元,因为它可能不是 B 中的元素,同样,B 的上界也不一定是 B 的最大元;

(5) 全序集的每一个子集都有一个上确界和一个下确界,就是该子集的最大元和最小元。

4.7.3 拟序关系

设 R 是集合 X 中的二元关系,若 R 是反自反的、反对称的和传递的,则称 R 是 X 中的拟序关系(串序),并用符号"$<$"表示。而序偶 $<X,<>$ 称为拟序集合。

讨论:(1)拟序关系一定反对称的;(2)拟序关系也可用偏序关系来定义。

4.7.4 全序关系

定义 4.24 设 R 为非空集 A 上的偏序关系,如果对任意的 $a,b\in A$,都有 $a\leqslant b$ 或 $b\leqslant a$,则称 R 为 A 上的全序关系(或线序关系),且 $<A,\leqslant>$ 构成一个全序集或链。

由定义可知,全序集的哈斯图是一条直线段。

给定 $P=\{\varnothing,\{a\},\{a,b\},\{a,b,c\}\}$ 上的包含关系 $\subseteq$,则 $<P,\subseteq>$ 构成全序集。

在偏序集合 $<X,\leqslant>$ 中,若对任意的 $x,y\in X$,均有 $x\leqslant y$ 或 $y\leqslant x$,则称 x 和 y 是可比较的,否则称 x 和 y 是不可比较的。

在偏序集合中,有的元素是可以比较的,有的元素是不可比较的;在全序关系中,所有的元素均是可比较的。

4.7.5 良序关系

定义 4.25 对于偏序集 $<A,\leqslant>$,若存在任意 $S\subseteq A$ 且 S 中存在最小元,则称 $<A,\leqslant>$ 为良序关系,并称 $<A,\leqslant>$ 为良序集合。

给定自然数集 **N** 上的小于(或等于)关系,则 $<A,\leqslant>$ 是良序集,其中 0 是最小元。

定理 4.19 每一个良序集一定是全序集。

注意：(1) 良序关系比全序关系多了一个条件，即在全序关系中，X 集合的任意非空子集均有一个最小元素；

(2) 每一个有限集 X 上的全序关系必定是良序关系。

设集合 $A = \{1,2,3,4\}$，定义 A 上的全序关系 $\leqslant = \{<1,1>,<1,2>,<1,3>,<1,4>,<2,2>,<2,3>,<2,4>,<3,3>,<3,4>,<4,4>\}$，则 $\leqslant$ 也是良序关系。

注意：设 $<A,\leqslant>$ 是良序集，则由 $x,y \in A$ 构成的子集一定存在最小元。该最小元不是 x 就是 y，因此一定满足 $x \leqslant y$ 或 $y \leqslant x$，所以 $<A,\leqslant>$ 是全序集。

良序集也是全序集，但全序集不一定是良序集。

给定整数集 $\mathbf{Z}$ 上的小于（或等于）关系，则 $<\mathbf{Z},\leqslant>$ 构成全序集，但因为在整数集上不存在最小元，所以该偏序集不是良序集。

定理 4.20 任意一个有限的全序集一定是良序集。

证明：设 $<A,\leqslant>$ 是任意一个有限全序集，$B \subseteq A$ 为任意非空子集，则 B 也是全序集。设 B 中有 n 个元素，对 B 中的元素依次进行比较，找出最小的那个元素，则最多进行 C_n^2 次比较，即可找出最小元，因此 $<A,\leqslant>$ 是良序。

4.8 例题解析

例 4.36 设 $A = \{a,b\}$，求 $P(A) \times A$。

解：$P(A) = \{\varnothing,\{a\},\{b\},\{a,b\}\}$

$P(A) \times A = \{<\varnothing,a>,<\varnothing,b>,<\{a\},a>,<\{a\},b>,<\{b\},a>,<\{b\},b>,<\{a,b\},a>,<\{a,b\},b>\}$

例 4.37 设 A、B、C、D 为任意集合，求证

(1) 若 $C \neq \varnothing$，$A \times C \subseteq B \times C$，则 $A \subseteq B$；

(2) $(A \times B) - (C \times D) = ((A-C) \times B) \bigcup (A \times (B-D))$；

(3) $(A-B) \times (C-D) \subseteq (A \times C) - (B \times D)$。

证明：(1) 由于 $C \neq \varnothing$，因此 $y \in C$；对于任意 $x \in A$，均有 $(x,y) \in A \times C$。因为 $A \times C \subseteq B \times C$，故 $(x,y) \in B \times C$，进而可得 $x \in B$，$y \in C$。因此 $A \subseteq B$ 得证。

(2) 对于任意 x,y，有

$(x,y) \in ((A-C) \times B) \bigcup (A \times (B-D)) \Rightarrow (x,y) \in ((A-C) \times B) \vee (x,y) \in (A \times (B-D))$

$\Rightarrow (x \in (A-C) \wedge y \in B) \vee (x \in A \wedge y \in (B-D))$

$\Rightarrow (x \in A \wedge x \notin C \wedge y \in B) \vee (x \in A \wedge y \in B \wedge y \notin D)$

$\Rightarrow (x \in A \wedge y \in B) \wedge (x \notin C \vee y \notin D)$

$\Rightarrow (x \in A \wedge y \in B) \wedge \neg (x \in C \wedge y \in D)$

$\Rightarrow (x,y) \in A \times B \wedge \neg (x,y) \in C \times D$

$\Rightarrow (x,y) \in (A \times B) - (C \times D)$

因此 $(A \times B) - (C \times D) = ((A-C) \times B) \bigcup (A \times (B-D))$。

(3) 对于任意 x,y，有

$$(x,y) \in (A-B) \times (C-D) \Rightarrow x \in (A-B) \wedge y \in (C-D)$$

$$\Leftrightarrow x\in A \wedge x\notin B \wedge y\in C \wedge y\notin D$$
$$\Leftrightarrow x\in A \wedge y\in C \wedge x\notin B \wedge y\notin D$$
$$\Rightarrow (x,y)\in (A\times C) \wedge (x,y)\notin (B\times D)$$
$$\Leftrightarrow (x,y)\in (A\times C)-(B\times D)$$

因此 $(A-B)\times(C-D)\subseteq(A\times C)-(B\times D)$。

例 4.38 求证：若 $X\times X=Y\times Y$,则 $X=Y$。

证明：若 $Y=\varnothing$,则 $Y\times Y=\varnothing$,可得 $X\times X=\varnothing$,故 $X=\varnothing$,因此 $X=Y$。

若 $Y\neq\varnothing$,则 $Y\times Y\neq\varnothing$,可得 $X\times X\neq\varnothing$。

对 $\forall x\in Y$,有 $(x,x)\in Y\times Y$。因为 $X\times X=Y\times Y$,所以 $(x,x)\in X\times X$,可得 $x\in X$,故 $Y\subseteq X$。

同理可证 $x\subseteq Y$。

故 $X=Y$。

例 4.39 求证：若 $X\times Y=X\times Z$,且 $X\neq\varnothing$,则 $Y=Z$。

证明：若 $Y=\varnothing$,则 $X\times Y=\varnothing$,可得 $X\times Z=\varnothing$。因为 $X\neq\varnothing$,所以 $Z=\varnothing$,即 $Y=Z$。

若 $Y\neq\varnothing$,则 $X\times Y\neq\varnothing$,可得 $X\times Z\neq\varnothing$。

对 $\forall x\in Y$,因为 $X\neq\varnothing$,所以存在 $y\in X$,使 $(y,x)\in X\times Y$。由 $X\times Y=X\times Z$ 可得 $(y,x)\in X\times Z$,所以 $x\in Z$。故 $Y\subseteq Z$。

同理可证 $Z\subseteq Y$。

故 $Y=Z$。

例 4.40 设 A、B 为集合,$|A|=n$,$|B|=m$。问

(1) A 到 B 的二元关系共多少个?

(2) A 上二元关系共多少个?

解：(1) 集合 A 到 B 的二元关系数目依赖于集合 A 和集合 B 中的元素数,$|A|=n$,$|B|=m$,那么 $|A\times B|=n\times m$,$A\times B$ 的子集数为 $2^{n\times m}$,每个子集代表一个 A 到 B 的二元关系。所以,A 到 B 的二元关系有 $2^{n\times m}$ 个。

(2) 集合 A 上的二元关系数目依赖于 A 中的元素数,$|A|=n$,那么 $|A\times A|=n\times n$,$A\times A$ 的子集就有 $2^{n\times m}$ 个,每个子集代表一个 A 上的二元关系。所以,A 上二元关系有 $2^{n\times m}$ 个。

例 4.41 列出下列二元关系的所有元素。

(1) $A=\{0,1,2\}$,$B=\{0,2,4\}$,$R=\{(x,y)|x,y\in A\bigcap B\}$;

(2) $A=\{1,2,3,4,5\}$,$B=\{1,2\}$,$R=\{(x,y)|2\leqslant x+y\leqslant 4$ 且 $x\in A$ 且 $y\in B\}$;

(3) $A=\{1,2,3\}$,$B=\{-3,-2,-1,0,1\}$,$R=\{(x,y)||x|=|y|$ 且 $x\in A$ 且 $y\in B\}$。

解：(1) $R=\{(0,0),(0,2),(2,0),(2,2)\}$

(2) $R=\{(1,1),(1,2),(2,1),(2,2),(3,1)\}$

(3) $R=\{(1,1),(1,-1),(2,-2),(3,-3)\}$

例 4.42 列出所有从 $X=\{a,b,c\}$ 到 $Y=\{d\}$ 的关系。

解：$R_1=\varnothing$,$R_2=\{(a,d)\}$,$R_3=\{(b,d)\}$,$R_4=\{(c,d)\}$,$R_5=\{(a,d),(b,d)\}$,$R_6=\{(a,d),(c,d)\}$,$R_7=\{(b,d),(c,d)\}$,$R_8=\{(a,d),(b,d),(c,d)\}$

例 4.43 设 $A=\{0,1,2,3,4,5\}$,$B=\{1,2,3\}$,用列举法描述下列关系,并作出它们

的关系图及关系矩阵。

(1) $R_1 = \{(x,y) | x \in A \cap B \wedge y \in A \cap B\}$；

(2) $R_2 = \{(x,y) | x \in A \wedge y \in B \wedge x = y^2\}$；

(3) $R_3 = \{(x,y) | x \in A \wedge y \in A \wedge x + y = 5\}$；

(4) $R_4 = \{(x,y) | x \in A \wedge y \in A \wedge \exists k(x = k \cdot y \wedge k \in N \wedge k < 2)\}$；

(5) $R_5 = \{(x,y) | x \in A \wedge y \in A \wedge (x = 0 \vee 2x < 3)\}$。

解：(1) $R_1 = \{(1,1),(1,2),(1,3),(2,1),(2,2),(2,3),(3,1),(3,2),(3,3)\}$

(2) $R_2 = \{(1,1),(4,2)\}$

(3) $R_3 = \{(0,5),(1,4),(2,3),(3,2),(4,1),(5,0)\}$

(4) $R_4 = \{(0,0),(0,1),(0,2),(0,3)(0,4),(0,5),(1,1),(2,2),(3,3),(4,4),(5,5)\}$

(5) $R_5 = \{(0,0),(0,1),(0,2),(0,3)(0,4),(0,5),(1,0),(1,1),(1,2),(1,3),(1,4),(1,5)\}$

例 4.44 设 $A = \{1,2,3,4\}$，$B = \{1,4,6,8,9\}$，aRb 当且仅当 $a^2 = b$，求关系 R 的定义域和值域。

解：关系 R 的集合为 $R = \{(1,2),(1,3),(2,4),(3,3),(4,2)\}$，

$\text{dom}R = \{1,2,3\}$，$\text{ran}R = \{1,4,9\}$。

例 4.45 设 R、S 为集合 A 上的任意关系，求证

(1) $\text{dom}(R \cup S) = \text{dom}R \cup \text{dom}S$。

(2) $\text{ran}(R \cap S) \subseteq \text{ran}R \cap \text{ran}S$。

证明：(1) 对任意 x，有

$$x \in \text{dom}(R \cup S)$$
$$\Leftrightarrow \exists y((x,y) \in R \cup S)$$
$$\Leftrightarrow \exists y(xRy \vee xSy)$$
$$\Leftrightarrow \exists y(xRy) \vee \exists y(xSy)$$
$$\Leftrightarrow x \in \text{dom}R \vee x \in \text{dom}S$$
$$\Leftrightarrow x \in \text{dom}R \cup \text{dom}S$$

所以，$\text{dom}(R \cup S) = \text{dom}R \cup \text{dom}S$

(2) 对任意 y，有

$$y \in \text{ran}(R \cap S)$$
$$\Leftrightarrow \exists x((x,y) \in R \cap S)$$
$$\Leftrightarrow \exists x(xRy \wedge xSy)$$
$$\Rightarrow \exists x(xRy) \wedge \exists x(xSy)$$
$$\Leftrightarrow y \in \text{ran}R \wedge y \in \text{ran}S$$
$$\Leftrightarrow y \in \text{ran}R \cap \text{ran}S$$

所以，$\text{ran}(R \cap S) \subseteq \text{ran}R \cap \text{ran}S$。

例 4.46 设 $A = \{a,b,c\}$，判断下列关系具有哪些性质。

$R_1 = \{(a,a),(b,b),(c,c),(a,b),(b,c),(c,a)\}$；

$R_2 = \{(a,a),(a,b),(c,a),(c,b)\}$；

$R_3 = \{(a,a),(b,b),(c,c),(a,b),(a,c),(b,a),(b,c),(c,a),(c,b)\}$。

解：R_1 是自反的,不是对称的,不是反对称的,不是传递的。

R_2 不是自反的,不是反自反的,不是对称的,是反对称的,是可传递的。

R_3 是自反的,对称的,传递的,不是反自反的,也不是反对称的。

例 4.47　举出 $A=\{1,2,3\}$ 上关系 R 的例子,使其具有下述性质。

(1) 既是对称的,又是反对称的;

(2) R 既不是对称的,又不是反对称的;

(3) R 是传递的。

解：(1) $\{(1,1)\}$

(2) $\{(1,2),(2,1),(1,3)\}$

(3) $\{(1,2),(2,3),(1,3)\}$

例 4.48　求证 R 是传递的,当且仅当 R^{-1} 是传递的。

证明：若 R 是传递的,则对任意 $(a,b)\in R$,$(b,c)\in R$,必然有 $(a,c)\in R$,由 $(a,b)\in R$,则 $(b,a)\in R^{-1}$,由 $(b,c)\in R$,则 $(c,b)\in R^{-1}$,由 $(a,c)\in R$,$(c,a)\in R^{-1}$,所以 R^{-1} 是传递的。

反之,若 R^{-1} 是传递的,则对任意 $(a,b)\in R^{-1}$,$(b,c)\in R^{-1}$,必有 $(a,c)\in R^{-1}$,由 $(a,b)\in R^{-1}$,则 $(b,a)\in R$,由 $(b,c)\in R^{-1}$,则 $(c,b)\in R$,由 $(a,c)\in R^{-1}$,$(c,a)\in R$,所以 R 是传递的。

例 4.49　设 R 是 A 上的二元关系,若 R 是自反的(反自反的、对称的、反对称的、传递的),$B\subseteq A$,试问 $R\cap B\times B$ 是否依然是自反的(反自反的、对称的、反对称的、传递的)?

解：R 是反自反的、对称的、反对称的、传递的时,$R\cap B\times B$ 依然是反自反的、对称的、反对称的、传递的;当 $A\neq B$ 时,$R\cap B\times B$ 不是自反的。

例 4.50　设 R 为 A 上的关系,当关系 R 是传递的和自反的时,$R^2=R$,其逆命题为真吗?

解：设 xR^2y,则存在 z 使得 xRz、zRy,又因为 R 是传递的,所以有 xRy,因此 $R^2\subseteq R$;设 xRy,因为 R 自反,所以有 yRy,于是有 xR^2y,因此 $R\subseteq R^2$。综上,$R^2=R$。

这个命题的逆命题不为真。例如 $A=\{1,2,3\}$,$R=\{(1,1),(1,2),(2,2)\}$ 时,$R^2=R$,但 R 不是自反的。

例 4.51　设 $A=\{a,b,c,d\}$,A 上的二元关系 R_1、R_2 分别为 $R_1=\{(b,b),(b,c),(c,a)\}$,$R_2=\{(b,a),(c,a),(c,d),(d,c)\}$。计算 $R_1\circ R_2$、$R_2\circ R_1$、R_1^2、R_2^2。

解：$R_1\circ R_2=\{(b,a),(b,d)\}$

$R_2\circ R_1=\{(d,a)\}$

$R_1^2=\{(b,b),(b,c),(b,a)\}$

$R_2^2=\{(d,d),(d,a),(c,c)\}$

例 4.52　求证：若集合 A 上关系 R_1、R_2 满足 $R_1\subseteq R_2$,那么对任意 A 上的关系 R_3 有 $R_1\circ R_3\subseteq R_2\circ R_3$ 且 $R_3\circ R_1\subseteq R_3\circ R_2$。

证明：(1) 设任意 $x,y\in A$,有 $xR_1\circ R_3y \Rightarrow \exists u(xR_1u \wedge uR_3y)$
$$\Rightarrow \exists u(xR_2u \wedge uR_3y)$$
$$\Rightarrow xR_2\circ R_3y$$

所以 $R_1 \circ R_3 \subseteq R_2 \circ R_3$。

（2）设任意 $x,y \in A$，若 $xR_3 \circ R_1 y$，则存在 $u \in A$ 使 $xR_3 u \wedge uR_1 y$ 成立；因为 $R_1 \subseteq R_2$ 且 $uR_1 y$，所以 $uR_2 y$ 成立，则 $xR_3 u \wedge uR_2 y$ 成立，所以 $xR_3 \circ R_2 y$。因此 $R_3 \circ R_1 \subseteq R_3 \circ R_2$。

例 4.53 设 R_1 和 R_2 是 A 上的任意关系，判断以下命题的真假并说明理由。

（1）若 R_1 和 R_2 是自反的，则 $R_1 \circ R_2$ 也是自反的。

（2）若 R_1 和 R_2 是反自反的，则 $R_1 \circ R_2$ 也是反自反的。

（3）若 R_1 和 R_2 是对称的，则 $R_1 \circ R_2$ 也是对称的。

（4）若 R_1 和 R_2 是传递的，则 $R_1 \circ R_2$ 也是传递的。

解：（1）正确。

证明：对任意 $x \in A$，因为 R_1 和 R_2 是自反的，可得 $xR_1 x$、$xR_2 x$，再由复合关系的定义可知 $xR_1 \circ R_2 x$，所以 $R_1 \circ R_2$ 是自反的。

（2）错误。例如，$A = \{a,b\}$，$R_1 = \{(a,b)\}$，$R_2 = \{(b,a)\}$。

（3）错误。例如，$A = \{a,b,c\}$，$R_1 = \{(a,b),(b,a)\}$，$R_2 = \{(b,c),(c,b)\}$。

（4）错误。例如，$A = \{a,b,c\}$，$R_1 = \{(a,b),(b,c),(a,c)\}$，$R_2 = \{(b,c),(c,a),(b,a)\}$。

例 4.54 设 $A = \{1,2,3,4,5\}$，A 上关系 $R = \{(1,2),(3,4),(2,2)\}$，$S = \{(4,2),(2,5),(3,1),(1,3)\}$。试求 $R \circ S$ 的关系矩阵。

解：由题意

$$M_R = \begin{bmatrix} 0 & 1 & 0 & 0 & 0 \\ 0 & 1 & 0 & 0 & 0 \\ 0 & 0 & 0 & 1 & 0 \\ 0 & 0 & 0 & 0 & 0 \\ 0 & 0 & 0 & 0 & 0 \end{bmatrix}, \quad M_S = \begin{bmatrix} 0 & 0 & 1 & 0 & 0 \\ 0 & 0 & 0 & 0 & 1 \\ 1 & 0 & 0 & 0 & 0 \\ 0 & 1 & 0 & 0 & 0 \\ 0 & 0 & 0 & 0 & 0 \end{bmatrix},$$

那么

$$M_{R \cdot S} = M_R * M_S = \begin{bmatrix} 0 & 0 & 0 & 0 & 1 \\ 0 & 0 & 0 & 0 & 1 \\ 0 & 1 & 0 & 0 & 0 \\ 0 & 0 & 0 & 0 & 0 \\ 0 & 0 & 0 & 0 & 0 \end{bmatrix}$$

例 4.55 设 R 是集合 $A = \{a,b,c,d\}$ 上的二元关系，已知 $R = \{(a,b),(b,c),(c,d),(d,a)\}$，求

（1）R^2、R^{-1}；

（2）$r(R)$、$s(R)$、$t(R)$。

解：（1）$R^2 = \{(a,c),(b,d),(c,a),(d,b)\}$

$R^{-1} = \{(b,a),(c,b),(d,c),(a,d)\}$

（2）$r(R) = \{(a,a),(a,b),(b,b),(b,c),(c,c),(c,d),(d,a),(d,d)\}$

$s(R) = \{(a,b),(b,a),(b,c),(c,b),(c,d),(d,c),(d,a),(a,d)\}$

$t(R) = \{(a,a),(a,b),(a,c),(a,d),(b,a),(b,b),(b,c),(b,d),(c,a),(c,b),(c,c),(c,d),(d,a),(d,b),(d,c),(d,d)\}$

本 章 小 结

1. 重点与难点

本章重点：

(1) 笛卡儿积的定义及其性质；

(2) 集合 A 到集合 B 的关系，集合 A 上的恒等关系、全域关系；

(3) 关系的三种表示法（集合、关系矩阵和关系图）、关系的逆运算和复合运算；

(4) 关系的五种性质（自反、反自反、对称、反对称、传递）及判别，关系的闭包及性质；

(5) 集合上的等价关系、等价类、商集与划分；

(6) 集合上的偏序关系及哈斯图表示方法。

本章难点：

(1) 二元关系的概念及其表示，关系的逆运算、复合运算的性质及求法；

(2) 关系的性质及判别、关系的闭包及性质；

(3) 等价关系的判定及证明，画偏序关系的哈斯图。

2. 思维导图

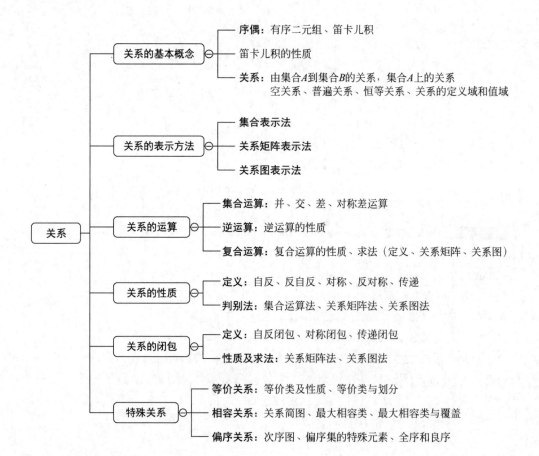

习　　题

1. 选择题

(1) 设 $A=\{1,2,3\}$，则 A 上的二元关系有(　　)个。

　　A. 2^3　　　　　　B. 3^2　　　　　　C. $2^{3\times3}$　　　　　D. $3^{2\times2}$

(2) 集合 $A=\{1,2,\cdots,10\}$ 上的关系 $R=\{(x,y)\mid x,y\in A$ 且 $x+y=10\}$，则 R 的性质为(　　)。

　　A. 自反的　　　　B. 对称的　　　　C. 传递的，对称的　D. 传递的

(3) 设 R 和 S 是 P 上的关系，P 是所有人的集合，$R=\{(x,y)\mid x,y\in P$ 且 x 是 y 的父亲$\}$，$S=\{(x,y)\mid x,y\in P$ 且 x 是 y 的母亲$\}$，则 $R\circ S^{-1}$ 表示关系(　　)。

　　A. $\{(x,y)\mid x,y\in P$ 且 x 是 y 的丈夫$\}$

　　B. $\{(x,y)\mid x,y\in P$ 且 x 是 y 的孙子或孙女$\}$

　　C. $\varnothing$

　　D. $\{(x,y)\mid x,y\in P$ 且 x 是 y 的祖父或祖母$\}$

(4) 设 $A=\{1,2,3,4\}$，则在 A 上有(　　)个不同的分划。

　　A. 3　　　　　　B. 5　　　　　　C. 8　　　　　　D. 15

(5) 设 $A=\{1,2,3,4\}$，$P(A)$（A 的幂集）上的规定二元关系如下：$R=\{(s,t)\mid s,t\in P(A)$ 且 $|s|=|t|\}$，则 $P(A)/R=$(　　)。

　　A. A

　　B. $P(A)$

　　C. $\{\{\{1\}\},\{\{1,2\}\},\{\{1,2,3\}\},\{\{1,2,3,4\}\}\}$

　　D. $\{\{\varnothing\},\{2\},\{2,3\},\{\{2,3,4\}\},\{A\}\}$

2. 填空题

(1) 设 $A=\{1,2,3,4\}$ 上的关系 $R=\{(1,2),(2,4),(3,3),(1,3)\}$，则 $r(R)=$ _____，$s(R)=$ _____，$t(R)=$ _____。

(2) 设 $A=\{a,b,c\}$ 上的二元关系 $R=\{(a,a),(a,b),(a,c),(c,c)\}$，则关系 R 具备 _____ 性质。

(3) 设 $A=\{1,2,3,4\}$，A 有划分 $\pi=\{\{1,2\},\{3,4\}\}$，则 π 所对应的等价关系是 _____。

(4) 举出集合 A 上既是等价关系又是偏序关系的一个例子：_____。

(5) 设 $A=\{a,b,c,d\}$，图 4.14 是 A 上某一偏序关系 R 的哈斯图，则 $R=$ _____。

图 4.14　R 的哈斯图

3. 设 R_1、R_2 为 A 上关系,求证

(1) $r(R_1 \cup R_2) = r(R_1) \cup r(R_2)$;

(2) $s(R_1 \cup R_2) = s(R_1) \cup s(R_2)$;

(3) $t(R_1 \cup R_2) \supseteq t(R_1) \cup t(R_2)$;

(4) 对 $t(R_1 \cup R_2) = t(R_1) \cup t(R_2)$ 举出反例。

4. 设 R 为集合 A 上的反对称关系,则 $t(R)$ 一定是反对称的吗?

5. 设 $A = \{1,2,3,4\}$,R 是集合 A 上的关系且 $R = \{(1,1),(2,2),(3,3),(4,4),(2,4),$ $(4,1),(4,2),(1,4),(2,1),(1,2)\}$,请判断 R 是不是等价关系。

6. 设 R_1 和 R_2 是非空集 A 上的等价关系,试确定下述各式是否为 A 上的等价关系,并说明理由。

(1) $(A \times A) - R_1$。

(2) $R_1 - R_2$。

(3) R_1^2。

(4) $r(R_1 - R_2)$(即 $R_1 - R_2$ 的自反闭包)。

7. 设 R 为 A 上的二元关系,如果对任意 $a \in A$,均有 $b \in A$ 使 aRb,则称 R 为连续的。求证:当 R 连续、对称、传递时,R 为等价关系。

8. 设 R 是集合 A 上的一个自反关系,求证:R 是等价关系当且仅当 $(a,b) \in R \wedge (a,c) \in R$ 时,$(b,c) \in R$。

9. 设 R 是集合 X 上的二元关系,对任意 $x_i, x_j, x_k \in X$,每当 $(x_i, x_j) \in R \wedge (x_j, x_k) \in R$ 时,必有 $(x_k, x_i) \in R$,则称 R 是循环的。试证:R 是等价关系,当且仅当 R 是自反的和循环的。

10. 假设给定了正整数的序偶集合 A,在 A 上定义二元关系 R:$((x,y),(u,v)) \in R$,当且仅当 $xv = yu$,求证 R 是一个等价关系。

11. 令 $C = \{a + bi \mid a, b \text{ 为实数}, a \neq 0\}$,定义 C 上关系 R:$(a + bi)R(c + di)$ 当且仅当 $ac > 0$,求证 R 为等价关系。

12. 设 R 为 A 上的二元关系,且 $\text{dom}R = A$。若 $RR^{-1}R = R$,求证 RR^{-1} 和 $R^{-1}R$ 都是 A 上的等价关系。

13. 设 $\{A_1, A_2, \cdots, A_k\}$ 是集合 A 的一个划分,定义 A 上的一个二元关系 R,使 $(a,b) \in R$ 当且仅当 a 和 b 在这个划分的同一块中。求证 R 是等价关系。

14. 设 $A = \{1,2,3,4,5,6\}$,A 有划分

$\pi_1 = \{\{1,2,3\},\{4,5,6\}\}$

$\pi_2 = \{\{1,2\},\{3,4\},\{5,6\}\}$

求 π_1、π_2 所对应的等价关系。

15. 设集合 $A = \{1,2,3,4\}$,A 上的等价关系 $R = \{(1,1),(2,2),(3,3),(4,4),(2,4),$ $(4,1),(4,2),(1,4),(2,1),(1,2)\}$,求集合 A 中各元素的等价类。

16. n 个元素的集合 A,有多少种不同的方法可以将 A 划分成为两块?

17. 设 R、S 为 A 上的两个等价关系,且 $R \subseteq S$。定义 A/R 上的关系 R/S:$([x],[y]) \in R/S$ 当且仅当 $(x,y) \in S$。求证 R/S 为 A/R 上的等价关系。

第5章 函 数

函数是具有特殊性质的二元关系。以往学习函数是从变量的角度在实数集上来探讨其连续性。而在计算机科学领域,数据本身具有离散性,因此可以把函数看作输入/输出的关系,它把一个集合(输入集合)的元素变成另一个集合(输出集合)的元素。例如,计算机中的程序可以把一定范围内的任意一组数据变换成另一组数据。

本章将定义一般函数类和各种特殊子类,并将函数定义推广到任意集合上,作为特殊二元关系,侧重讨论离散函数。

本章学习目标及思政点

学习目标

- 函数或映射、像、原像、定义域和值域、空函数、常函数、恒等函数等
- 函数的性质(单射、满射、双射)
- 复合函数、复合运算、幂等函数
- 逆函数、逆运算

思政点

培养认知事物的科学精神,形成负责的学习态度,既勇于探究新知又坚持实事求是;培养研究问题的科学方法,运用函数思想寻找解决问题的共同属性,发现定量和变量之间的联系;学会用辩证的映射方法建立事物之间的内在联系,树立辩证唯物主义哲学观,培养事物之间存在普遍联系的认识观。

5.1 函数的基本概念

函数建立了从一个集合到另一个集合的变换关系,计算机执行任何类型的程序都是这样的变换。例如,编译程序可以把源程序转换为机器语言的指令集合(目标程序)。下面将函数放在任意集合上来讨论函数概念以及常用和特殊的函数。

定义 5.1 设 X 和 Y 是集合,一个从 X 到 Y 的函数 f(记为 $f:X \rightarrow Y$)是一个满足以下条件的关系:

对任意 $x \in X$,都存在唯一的 $y \in Y$,使 $<x,y> \in f$。

$<x,y> \in f$ 通常记作 $f(x)=y$,x 称作函数的自变量,y 称作对应于自变量 x 的函数值。把 X 称作函数 f 的前域,y 称作函数 f 的陪域。

从定义 5.1 可以看出,X 到 Y 的函数 f 和一般 X 到 Y 的二元关系有以下两个不同点:

(1) X 的每一元素都必须作为 f 的序偶的第一元素出现;

(2) 如果 $f(x)=y_1$ 和 $f(x)=y_2$,那么 $y_1=y_2$。

通常也把函数 f 看作是一个映射(变换)规则,使得 X 中的每个元素都可以在 Y 中找

到唯一的元素与之对应,因而 $f(x)$ 又叫作 x 的映像。

注意:(1) 一般用 dom 来标记定义域,即 $\mathrm{dom}f=X$。由此可知函数的定义域就是前域 X,而不是 X 的某个真子集;也就是说,x 中的每个元素都必须作为 f 序偶的第一元素出现。

(2) 一般用 ran 来标记值域,有 $\mathrm{ran}f\subseteq Y$,即值域 $\mathrm{ran}f$ 是陪域的一部分。

例 5.1　设集合 $A=\{1,2,3,4\}$,$B=\{a,b,c\}$,判断下列基于 A 到 B 上的二元关系哪些是映射?

(1) $R_1=\{<1,a>,<2,c>,<4,a>\}$。

(2) $R_2=\{<1,a>,<1,b>,<2,a>,<3,b>,<4,c>\}$。

(3) $R_3=\{<1,a>,<2,a>,<3,b>,<4,b>\}$。

解:根据函数定义,映射关系必须满足两个条件:①X 的每一元素都必须作为 f 的序偶的第一元素出现。②如果 $f(x)=y_1$ 和 $f(x)=y_2$,那么 $y_1=y_2$。

(1) $R_1=\{<1,a>,<2,c>,<4,a>\}$,集合 A 的元素 3 没有作为序偶的第一元素出现,因此它不是映射关系。

(2) $R_2=\{<1,a>,<1,b>,<2,a>,<3,b>,<4,c>\}$,虽然集合 A 的所有的元素都有作为序偶的第一元素出现,但因为 $f(1)=a$、$f(1)=b$,显然 $a\neq b$,所以也不是映射关系。

(3) $R_3=\{<1,a>,<2,a>,<3,b>,<4,b>\}$,集合 A 的所有的元素都作为序偶的第一元素出现,并且不同的 A 作为第一元素输入时,输出的第二元素也是唯一的,因此该关系是映射关系。

由于对于任意的 $x\in X$,都存在唯一的 $y\in Y$,使 $<x,y>\in f$。所以通常的多值函数的概念是不符合这里的函数定义的。如 $R_2=\{<1,a>,<1,b>,<2,a>,<3,b>,<4,c>\}$ 只是一个关系,而不是函数。

通常把函数 f 称为映射(变换),它把 X 的每一个元素映射到(变换为)Y 的一个元素,因此 $f(x)$ 也可以称为 x 的像,而称 x 为 $f(x)$ 的原像。

在定义一个函数时,必须指定定义域、陪域和变换规则,变换规则必须覆盖所有可能的自变量的值。

例 5.2　实数集 **R** 上的二元关系 $f_1=\{<a,b>|a^2=b\}$,$f_2=\{<a,b>|a=b^2\}$,试判定 f_1 和 f_2 是不是函数。

解:根据函数定义,函数 f_1 在实数集上依据表达式 $a^2=b$ 均以第一元素出现,并且对应的第二元素是唯一的,因此符合函数的定义。

根据函数定义,函数 f_2 在实数集上依据表达式 $a=b^2$,有序偶对 $<4,-2>$ 和 $<4,2>$,即 $f(4)=2$ 和 $f(4)=-2,2\neq-2$ 所以 f_2 不是函数。

例 5.3　设集合 $X=\{a,b,c,d\}$,$y=\{1,2,3,4,5\}$,从 X 到 Y 的一个函数 $f=\{<a,5>,<b,3>,<c,3>,<d,1>\}$,试求 $\mathrm{dom}f$、$\mathrm{ran}f$ 和 $y=f(x)$。

解:由 $f=\{<a,5>,<b,3>,<c,3>,<d,1>\}$ 可得

$\mathrm{dom}f=X$,$\mathrm{ran}f=\{1,3,5\}$

$f(a)=5,f(b)=3,f(c)=3,f(d)=1$

定义 5.2　设 f 和 g 是从集合 A 到集合 B 的两个函数,若对任意 $a \in A$,有 $f(a) = g(a)$,则称函数 f 和 g 相等,记作 $f = g$。

由定义可知,两个函数相等,它们的定义域一定相等,即 $\mathrm{dom} f = \mathrm{dom} g$。

例如,$f(a) = \dfrac{a^2 - 1}{a - 1}$,$g(a) = a + 1$,因为 $\mathrm{dom} f = \{a \mid a \in R\ \text{且}\ a \neq 1\}$,而 $\mathrm{dom} g = R$,即 $\mathrm{dom} f \neq \mathrm{dom} g$,所以 $f \neq g$。

定义 5.3　所有从 A 到 B 的函数的集合记作 B^A,读作"B 上 A"。符号化表示为

$$B^A = \{f \mid f : A \to B\}$$

下面讨论像这样从集合 A 到集合 B 可以定义多少个不同的函数。

设 $|A| = m$,$|B| = n$,由关系的定义可知,$A \times B$ 的子集都是 A 到 B 的关系,则集合 A 到集合 B 的二元关系是 2^{mn}。但根据函数的定义,$A \times B$ 的子集不一定是 A 到 B 的函数。因为对 A 中 m 个元素中的任意元素 x,可在 B 的个元素中任取一个元素作为 x 的像,因此 A 到 B 的函数有 n^m 个,用 B^A 表示 A 到 B 的全部函数组成的集合,则 $|B^A| = n^m$。

例 5.4　设 $A = \{a, b\}$,$B = \{1, 2, 3\}$,求 B^A。

解:因为 $|A| = 2$,$|B| = 3$,所以 $|B^A| = 3^2 = 9$,实际上,从 A 到 B 的 9 个函数具体如下:

$f_1 = \{<a,1>, <b,1>\}$,$f_2 = \{<a,1>, <b,2>\}$,$f_3 = \{<a,1>, <b,3>\}$,

$f_4 = \{<a,2>, <b,1>\}$,$f_5 = \{<a,2>, <b,2>\}$,$f_6 = \{<a,2>, <b,3>\}$,

$f_7 = \{<a,3>, <b,1>\}$,$f_8 = \{<a,3>, <b,2>\}$,$f_9 = \{<a,3>, <b,3>\}$

即 $B^A = \{f_1, f_2, f_3, f_4, f_5, f_6, f_7, f_8, f_9\}$。

定义 5.4　设函数 $f : X \to Y$,$X_1 \subseteq X$,$Y_1 \subseteq Y$,则有

(1) 令 $f(X_1) = \{f(x) \mid x \in X_1\}$,称 $f(X_1)$ 为 X_1 在 f 下的像。特别地,当 $X_1 = X$ 时,称 $f(X)$ 为函数的像。

(2) 令 $f^{-1}(Y_1) = \{x \mid x \in X \wedge f(x) \in Y_1\}$,称 $f^{-1}(Y_1)$ 为 Y_1 在 f 下的完全原像。

在这里要注意区别函数的值和像是两个不同概念。函数 $f(x) \in Y$ 是一个元素,而像 $f(X_1) \subseteq Y_1$ 是一个集合。

设 $Y_1 \subseteq Y$,显然 Y_1 在 f 下的完全原像 $f^{-1}(Y_1)$ 是 X 的子集。如果 $X_1 \subseteq X$,那么 $f(X_1) \subseteq Y$。

$f(X_1)$ 的完全原像是 $f^{-1}(f(X_1))$。一般来说,$f^{-1}(f(X_1)) \neq X_1$,但是 $X_1 \subseteq f^{-1}(f(X_1))$。例如,函数 $f : \{1,2,3\} \to \{0,1\}$,满足 $f(1) = f(2) = 0$,$f(3) = 1$。令 $X_1 = \{1\}$,那么有 $f^{-1}(f(X_1)) = f^{-1}(f(\{1\})) = f^{-1}(\{0\}) = \{1,2\}$,这时 $X_1 \subset f^{-1}(f(X_1))$。

例 5.5　设 $f : N \to N$,且 $f(x) = \begin{cases} x/2, & \text{若}\ x\ \text{为偶数} \\ x + 1, & \text{若}\ x\ \text{为奇数} \end{cases}$,令 $X = \{0, 1\}$,$y = \{2\}$,求 $f(X)$ 和 $f^{-1}(Y)$。

解:$f(X) = f(\{0,1\}) = \{f(0), f(1)\} = \{0, 2\}$。

函数是一种特殊的关系,它与一般关系的差别如下:

(1) 从 A 到 B 的不同关系有 $2^{|A| \times |B|}$ 个,但从 A 到 B 的不同函数却仅有 $|B|^{|A|}$ 个;

(2) 关系的第一个元素可以相同,函数的第一元素一定互不相同;

(3) 每一个函数的基数都为 $|A|$ 个($|f|=|A|$),但关系的基数却是从 0 到 $|A| \times |B|$。

5.2　特殊函数与常函数

本节在介绍特殊函数之前先讨论函数的几个性质,包括了函数的满射性质、单射性质和双射性质。

定义 5.5　设函数 $f:A \rightarrow B$。

(1) 如果对于任意的 $y \in B$,都存在 $x \in A$,使得 $f(x)=y$,那么称 f 为满射的(到上的)。

(2) 如果对于任何的 $a_1,a_2 \in A$,若 $a_1 \neq a_2$,则有 $f(a_1) \neq f(a_2)$,那么称 f 为单射的(一对一的)。

(3) 设函数 $f:A \rightarrow B$,若 f 既是满射的,又是单射的,则称 f 为双射的(一一到上的)。

具有这些性质的函数分别叫作满射函数、单射函数和双射函数。

如果 $f:X \rightarrow Y$ 是满射的,那么任意元素 $y \in Y$ 均在 f 的像中;如果 f 是单射的,那么前域中不同的元素会映射到陪域中不同的元素;如果 f 是双射的,那么 Y 的每一元素 y 是且仅是 X 的某个元素 x 的映像,常称双射为一一对应。

图 5.1 用来说明定义 5.5 中各类函数的概念,函数的前域和陪域分别用左边和右边的空心圆点来表示。

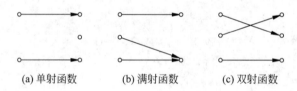

(a) 单射函数　　　　(b) 满射函数　　　　(c) 双射函数

图 5.1　函数关系图

从图 5.1(a)可以看出,该映射是单射的但不是满射的,图 5.1(b)是满射但不是单射的,图 5.1(c)是双射的。显然,如果 f 是满射的,那么至少有一条弧终止于陪域的每一元素。如果 f 是单射的,那么终止于陪域的每一元素的弧不多于一条。如果 f 是双射的,那么有且只有一条弧终止于陪域的每一元素。

例 5.6　判断下列函数是否为满射、单射和双射。

(1) $f:\mathbf{N} \rightarrow \mathbf{Z}, f(n)=$ 小于 n 的完全平方数的个数。

(2) $f:\mathbf{R} \rightarrow \mathbf{R}, f(x)=3x+7$。

(3) $f:\mathbf{R} \rightarrow \mathbf{Z}, f(x)=[x], [x]$ 表示取整数。

(4) $f:\mathbf{R}^+ \rightarrow \mathbf{R}^+, f(x)=(x^2+1)/x$,其中 $\mathbf{R}^+$ 为正实数。

解:(1) 由 f 的定义可得 $f=\{<0,0>,<1,1>,<2,2>,<3,2>,<4,2>,<5,3>,\cdots\}$

f 既不是满射函数,又不是单射函数,也不是双射函数。

(2) 因为 $f:\mathbf{R} \rightarrow \mathbf{R}, f(x)=3x+7$,定义域为 $\mathbf{R}$,值域也为 $\mathbf{R}$,并且也是一一对应的,所以该 f 是满射函数、单射函数,也是双射函数。

(3) $f: \mathbf{R} \rightarrow \mathbf{Z}, f(x) = [x], f$ 是满射函数,但不是单射函数,也不是双射函数。如 $f(1.4) = f(1.6) = 1$。

(4) $f: \mathbf{R}^+ \rightarrow \mathbf{R}^+, f(x) = (x^2 + 1)/x$ 不是单射函数,也不是满射函数。因为当 $x \rightarrow 0$ 时,$f(x) \rightarrow +\infty$;而当 $x \rightarrow +\infty$ 时,$f(x) \rightarrow +\infty$。在 $x = 1$ 处函数 $f(x)$ 取得极小值 $f(1) = 2$。所以该函数既不是单射函数也不是满射函数。

一般情况下,函数是满射函数还是单射函数,没有必然的联系,但当 A、B 都是有限集时,则有如下定理:

定理 5.1　设 X 和 Y 为有限集,若 $|X| = |Y|$,则 $f: X \rightarrow Y$ 是单射函数,当且仅当 f 为满射函数。

证明:充分性。若 f 为满射函数,根据定义必有 $Y = f(X)$,于是

$$|X| = |Y| = |f(X)| \qquad\qquad ①$$

因此 f 是一个单射函数。否则存在 $x_1, x_2 \in A$,虽然 $x_1 \neq x_2$,但 $f(x_1) = f(x_2)$,所以 $|f(X)| < |X| = |Y|$。

这与①矛盾,故由 f 是满射函数可推出 f 是单射函数。

必要性。若 f 是单射函数,则 $|X| = |f(X)|$,因为 $|X| = |Y|$,从而

$$|f(X)| = |Y| \qquad\qquad ②$$

又 $f(X) \subseteq Y$,所以 $f(X) = Y$。因此由 f 是单射函数可以推出 f 为满射函数。

定义 5.6　(1) 设 f 是从集合 A 到 B 的函数,若存在一个 $b \in B$,使得对所有的 $a \in A$,都有 $f(a) = b$,则称 f 是从 A 到 B 的常函数。

(2) 集合 A 上的恒等关系 I_A 称为 A 上的恒等函数,即对所有的 $a \in A$,都有 $I_A(a) = a$。

(3) 设 f 是实数集 R 上的函数,对任意的 $a_1, a_2 \in A$,如果 $a_1 < a_2$,有 $f(a_1) \leqslant f(a_2)$,则称 f 为单调递增的;如果由 $a_1 < a_2$,可得 $f(a_1) < f(a_2)$,则称 f 为严格单调递增的。类似地,可以定义单调递减和严格单调递减的函数。

(4) 设 A 为集合,对任意子集 $A' \subseteq A, A'$ 的特征函数 $\chi_{A'}: A \rightarrow \{0,1\}$ 定义为

$$\chi_{A'}(a) = \begin{cases} 1, & a \in A' \\ 0, & a \in A - A' \end{cases}$$

(5) 设 R 是集合 A 上的等价关系,令 g 为从 A 到 A/R 的函数,即 $g(a) = [a]$,则称 g 为从 A 到商集 A/R 的自然映射。

例如,设集合 $A = \{a, b, c, d, e\}, B = \{1, 2, 3, 4\}$,从 A 到 B 的一个函数为 $f_1 = \{<a, 2>, <b, 2>, <c, 2>, <d, 2>, <e, 2>\}$,则 f_1 是一个常数函数。

设整数集 $\mathbf{Z}$ 上的函数 $f_2(a) = a + 1$,则 f_2 是一个严格单调递增函数。

实数集 $\mathbf{R}$ 上的常函数,既是单调递增函数,又是单调递减函数。

设实数集 $\mathbf{R}$ 上的函数 $f_3(a) = a^2$,则 f_3 既不是单调递增函数,也不是单调递减函数。

设集合 $A = \{a, b, c\}$ 上的等价关系 $R = \{<a, b>, <b, a>\} \bigcup I_A$,则从 A 到 A/R 的自然映射 g 为

$$g: \{a, b, c\} \rightarrow \{\{a, b\}, \{c\}\}$$
$$g(a) = g(b) = \{a, b\}, g(c) = \{c\}$$

注意:一般来说,常函数不是单射函数,恒等函数是双射函数。

5.3　复合函数与逆函数

5.3.1　复合函数

由第 4 章关系中可知,对二元关系进行复合运算,可以产生一种新的关系。而函数是一种特殊的二元关系,按照关系的复合运算可以给出复合函数的定义。

定义 5.7　设函数 $f:A\rightarrow B,B\rightarrow C$,则将复合关系 $g\circ f=\{<a,c>\mid a\in A,c\in C,$且存在 $b\in B$,使 $f(a)=b,g(b)=c\}$是从 A 到 C 的函数,称为函数 f 和 g 复合函数。

在定义 5.7 中,隐含了函数 f 的值域是函数 g 的定义域的子集,即 $\mathrm{ran}f\subseteq\mathrm{dom}g$。这一条件保证了复合函数 $g\circ f$ 是非空的。如果 $g\circ f$ 是非空集,可以证明下述定理成立。

定理 5.2　设函数 $f:A\rightarrow B,B\rightarrow C$,那么复合函数 $g\circ f$ 是一个从 A 到 C 的函数,而且,对任意一个 $a\in A$,都有 $(g\circ f)(a)=g(f(a))$。

例如,设集合 $A=\{a,b,c\},B=\{1,2\},C=\{e,f,g\}$,从 A 到 B 的函数为 $f=\{<a,1>,<b,1>,<c,2>\}$,从 B 到 C 的函数为:$g=\{<1,e>,<2,g>\}$,那么,$g\circ f=\{<a,e>,<b,e>,<c,g>\}$是一个由 A 到 C 的函数。

例 5.7　设集合 $A=\{1,2,3\}$上的两个函数分别为 $f=\{<1,3>,<2,1>,<3,2>\}$,$g=\{<1,2>,<2,1>,<3,3>\}$,试求复合函数 $f\circ g$、$g\circ f$、$f\circ f$、$g\circ g$。

解:$f=\{<1,3>,<2,1>,<3,2>\},g=\{<1,2>,<2,1>,<3,3>\}$,

$f\circ g=\{<1,1>,<2,3>,<3,2>\},g\circ f=\{<1,3>,<2,2>,<3,1>\},f\circ f=\{<1,2>,<2,3>,<3,1>\},g\circ g=\{<1,1>,<2,2>,<3,3>\}$

例 5.8　设实数集 $\mathbf{R}$ 上的 3 个函数分别为 $f(a)=3-a,g(a)=2a+1,h(a)=a/3$,试求复合函数 $g\circ f$、$h\circ g$、$h\circ(g\circ f)$、$(h\circ g)\circ f$。

解:$f(a)=3-a,g(a)=2a+1,h(a)=a/3$,

$(g\circ f)(a)=g(f(a))=g(3-a)=2(3-a)+1=7-2a$

$(h\circ g)(a)=h(g(a))=h(2a+1)=(2a+1)/3$

$(h\circ(g\circ f))(a)=h((g\circ f)(a))=h(7-2a)=(7-2a)/3$

$((h\circ g)\circ f)(a)=(h\circ g)(f(a))=(h\circ g)(3-a)=(2(3-a)+1)/3=(7-2a)/3$

由例 5.8 可以看出,函数的复合运算不满足交换律,但满足结合律。因此可得到下面的定理。

注意:函数 f 和 g 可以复合 $\Leftrightarrow\mathrm{ran}f=\mathrm{dom}g$;$\mathrm{dom}(f\circ g)=\mathrm{dom}f,\mathrm{ran}(f\circ g)=\mathrm{ran}g$;对任意 $x\in A$,有 $f\circ g(x)=g(f(x))$。

定理 5.3　设函数 $f:A\rightarrow B,g:B\rightarrow C$,则

(1) 若 f 和 g 是满射的,则 $g\circ f:A\rightarrow C$ 是满射的。

(2) 若 f 和 g 是单射的,则 $g\circ f:A\rightarrow C$ 是单射的。

(3) 若 f 和 g 是双射的,则 $g\circ f:A\rightarrow C$ 是双射的。

证明:(1) 对于 $c\in C$,因 g 是满射的,所以存在 $b\in B$,使 $g(b)=c$。对于 $b\in B$,因 f 是满射的,所以存在 $a\in A$,使 $f(a)=b$。于是 $(g\circ f)(a)=g(f(a))=g(b)=c$,因此 $g\circ f$ 是满射的。

（2）对于 $a,b \in A$，若 $a \neq b$，因为 f 是单射的，则 $f(a) \neq f(b)$。又因 g 是单射的，所以 $g(f(a)) \neq g(f(b))$，$g \circ f$ 是单射的。

（3）因为 f 和 g 是满射和单射的，由（1）（2）可知 $g \circ f$ 也是满射和单射的，因此 $g \circ f$ 是双射的。

上述的定理说明，函数的复合运算能够保持函数满射、单射和双射特性。但是定理 5.3 的逆定理只有部分成立。

定理 5.4　设函数 $f:A \rightarrow B$，$g:B \rightarrow C$，则

（1）若 $g \circ f:A \rightarrow C$ 是满射的，则 g 是满射的。

（2）若 $g \circ f:A \rightarrow C$ 是单射的，则 f 是单射的。

（3）若 $g \circ f:A \rightarrow C$ 是双射的，则 g 是满射的，且 f 是单射的。

证明：（1）因为，$g \circ f:A \rightarrow C$ 是满射，所以，对于任意的 $c \in C$，存在 $a \in A$，使得 $g \circ f(a) = c$，即 $g(f(a)) = c$。又因为 $f:A \rightarrow B$ 是函数，则有 $b = f(a) \in B$，而 $g(b) = c$，因此，g 是满射的。

（2）用反证法。设 $a_1,a_2 \in A$ 且 $a_1 \neq a_2$，但 $f(a_1) = f(a_2)$，而 $g:B \rightarrow C$ 是函数，所以 $g \circ f(a_1) = g \circ f(a_2)$，这与 $g \circ f:A \rightarrow C$ 是单射的矛盾，故 f 是单射的。

（3）因为 $g \circ f:A \rightarrow C$ 是双射的，所以 $g \circ f$ 既是满射的，又是单射的，因此，g 是满射的且 f 是单射的。

定理 5.5　设 $f:A \rightarrow B$ 是任意一个函数，I_A、I_B 分别为 A、B 上的恒等函数，求证 $I_B \circ f = f \circ I_A = f$。

证明：因为 $f:A \rightarrow B$ 是函数，所以对任意 $a \in A$，存在 $b \in B$，使 $f(a) = b$，而 $(I_B \circ f) = I_B(f(a)) = I_B(b) = b$，$(f \circ I_A)(a) = f(I_A(a)) = f(a) = b$，可得 $I_B \circ f = f \circ I_A = f$。

5.3.2　逆函数

在第 4 章关系中定义了逆关系，即把从集合 A 到 B 的二元关系 R 中的所有有序对的两个元素交换位置，就能够得到 R 的逆关系 R^{-1}。但是，对于任意给定的一个函数 f，它的逆 f^{-1} 不一定是函数，只是一个二元关系。

例如，从集合 $A = \{a,b,c\}$ 到集合 $B = \{1,2,3,4\}$ 的函数 $f = \{<a,3>,<b,3>,<c,1>\}$，则它的逆关系 $f^{-1} = \{<3,a>,<3,b>,<1,c>\}$。显然，$f^{-1}$ 不是函数，因为对于 $3 \in \mathrm{dom} f^{-1}$，有 a 和 b 两个值与之对应，这不满足函数的单值性。

若从集合 A 到集合 B 的单射函数为 $g = \{<a,3>,<b,2>,<c,1>\}$，则它的逆关系 $g^{-1} = \{<3,a>,<2,b>,<1,c>\}$ 满足函数的定义，g^{-1} 是函数。

如果取集合 $C = \mathrm{rang} = \{1,2,3\}$，函数 $g:A \rightarrow C$ 不仅是满射的，也是单射的，故它是双射的，而且逆关系 $g^{-1}:C \rightarrow A$ 是一个函数。

为说明这一点，令函数 $f:A \rightarrow B$，f^{-1} 表示 f 的逆关系，有两个原因可以看出 f^{-1} 不一定是函数。

（1）当 f 是单射的而不是满射的时（见图 5.2(a)），f^{-1} 是函数，但 f^{-1} 的定义域 $\mathrm{ran} f$ 不是 B，而是 B 的真子集。

（2）当 f 是满射的而不是单射的时（见图 5.2(b)），f^{-1} 不满足函数值的唯一性条件，

如函数 $f=\{<a,3>,<b,3>,<c,1>\}$，对于自变量 $3\in\mathrm{dom}\,f^{-1}$ 来说，同时有 $<3,a>$，$<3,b>\in f^{-1}$，不满足函数的定义，所以 f^{-1} 不是函数。

不难看出，对于给定的函数 $f:A\rightarrow B$，只有当 f 是双射的时，f^{-1} 是从 B 到 A 的函数，即 $f^{-1}:B\rightarrow A$，且也是双射的，如图 5.2(c)所示。

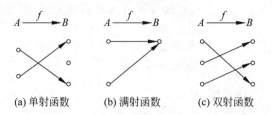

(a) 单射函数　　　　(b) 满射函数　　　　(c) 双射函数

图 5.2　函数关系图

定理 5.6　设函数 $f:A\rightarrow B$ 是双射的，求证 f 的逆关系 f^{-1} 是 B 到 A 的函数。

证明：对于任意的 $y\in B$，由于 $f:A\rightarrow B$ 是双射的，即 $f:A\rightarrow B$ 是满射的，则存在 $x\in A$，使得 $<x,y>\in f$，由逆关系的定义可得 $<y,x>\in f^{-1}$；另一方面，若有 $<y,x>\in f^{-1}$ 且 $<y,x'>\in f^{-1}$，由逆关系的定义可得 $<x,y>\in f$ 且 $<x',y>\in f$，而 $f:A\rightarrow B$ 是双射的，即 $f:A\rightarrow B$ 是单射的，所以 $x=x'$。

综合上述，对于任意的 $y\in B$，存在唯一的 $x\in A$，使得 $<y,x>\in f^{-1}$。由函数的定义可知，f 的逆关系 f^{-1} 是 B 到 A 的函数。

定义 5.8　设函数 $f:A\rightarrow B$ 是双射的，则将 f 的逆关系称为逆函数，记作 $f^{-1}:B\rightarrow A$。如果函数存在反函数 f^{-1}，则称 f 是可逆的。

例 5.9　函数 $f:Z\rightarrow Z$；$f=\{<i,i^2>\mid i\in Z\}$ 是否存在逆函数？

解：f 的逆函数 $f^{-1}=\{<i^2,i>\mid i\in Z\}$，显然，$f^{-1}$ 不是从 Z 到 Z 的函数。这个例子说明，不能把逆函数直接定义为逆关系。

定理 5.7　若 $f:A\rightarrow B$ 是双射，则 $f^{-1}:B\rightarrow A$ 也是双射。

证明：若 $f:A\rightarrow B$ 是双射的，则由定理 5.6 和定义 5.8 可知 $f^{-1}:B\rightarrow A$ 是函数。要证明 $f^{-1}:B\rightarrow A$ 是双射的，需先证 $f^{-1}:B\rightarrow A$ 是满射的。因为 $f:A\rightarrow B$ 是函数，所以，对每一个 $a\in A$，必有 $b\in B$ 使 $b=f(a)$，从而有 $f^{-1}(b)=a$，所以 $f^{-1}:B\rightarrow A$ 是满射的。

再证 $f^{-1}:B\rightarrow A$ 是单射的。若 $f^{-1}(b_1)=a,f^{-1}(b_2)=a$，则 $f(a)=b_1,f(a)=b_2$。因为 $f:A\rightarrow B$ 是函数，有 $b_1=b_2$，所以 $f^{-1}:B\rightarrow A$ 是单射的。

综上所述，若 $f:A\rightarrow B$ 是双射的，那么 $f^{-1}:B\rightarrow A$ 也是双射的。

定理 5.8　若函数 $f:A\rightarrow B$ 存在逆函数 f^{-1}，则 $f^{-1}\circ f=I_A$，$f\circ f^{-1}=I_B$。

证明：$f^{-1}\circ f$ 与 I_A 的定义域相同，都是 A。

因为 f 是双射的，所以 f^{-1} 也是双射的。

若 $f:x\rightarrow f(x)$，则 $f^{-1}(f(x))=x$，因此 $f^{-1}\circ f=I_A$。

同理可证 $f\circ f^{-1}=I_B$。

例 5.10　函数 $f:\{0,1,2,3\}\rightarrow\{a,b,c,d\}$ 是双射的，求 $f^{-1}\circ f$ 和 $f\circ f^{-1}$。

由定理 5.8 可知，$f^{-1}\circ f=I_A=\{<0,0>,<1,1>,<2,2>,<3,3>\}$，

$f \circ f^{-1} = I_B = \{<a,a>,<b,b>,<c,c>,<d,d>\}$。

定理 5.9　设函数 $g:A \to B, f:B \to C$ 都是双射的,则 $(f \circ g)^{-1} = g^{-1} \circ f^{-1}$。

证明:由假设和复合定理可知,$f \circ g$ 是 A 到 C 的双射,所以 $(f \circ g)^{-1}$ 是 C 到 A 的双射,又因为 g^{-1} 是 C 到 B 的双射,f^{-1} 是 B 到 A 的双射,所以 $g^{-1} \circ f^{-1}$ 是 C 到 A 的双射。

下面证明对于任何的 $c \in C, (f \circ g)^{-1}(c) = g^{-1} \circ f^{-1}(c)$。事实上,对于任意的 $c \in C$,$f^{-1}(c) = b, g^{-1}(b) = a$,则有 $(g^{-1} \circ f^{-1})(c) = g^{-1}(f^{-1}(c)) = g^{-1}(b) = a$。又因为 $(f \circ g)(a) = f(g(a)) = f(b) = c$,所以 $(f \circ g)^{-1}(c) = a$。

综上所述,$(f \circ g)^{-1}(c) = g^{-1} \circ f^{-1}$。

例 5.11　设 $f:\mathbf{R} \to \mathbf{R}, g:\mathbf{R} \to \mathbf{R}, f(x) = \begin{cases} x^2+2 & x \geqslant 3 \\ -2 & x < 3 \end{cases}$,$g(x) = x+2$。求 $g \circ f, f \circ g$,如果 f 和 g 存在逆函数,求出它们的逆函数。

解:$g \circ f:\mathbf{R} \to \mathbf{R}, g \circ f(x) = \begin{cases} x^2+2, x \geqslant 3 \\ 0, x < 3 \end{cases}$

$f \circ g:\mathbf{R} \to \mathbf{R}, f \circ g(x) = \begin{cases} (x+2)^2, x \geqslant 1 \\ -2, x < 1 \end{cases}$

因为 $f:\mathbf{R} \to \mathbf{R}$ 不是双射的,所以不存在逆函数;而 $g:\mathbf{R} \to \mathbf{R}$ 是双射的,它的逆函数为 $g^{-1}:\mathbf{R} \to \mathbf{R}, g^{-1}(x) = x-2$。

5.4　例 题 解 析

例 5.12　设 $\mathbf{Z}$ 是整数集,$\mathbf{Z}^+$ 是正整数集,函数 $f:\mathbf{Z} \to \mathbf{Z}^+, f(x) = |x|+2$。求它的值域。

解:因为 $f:\mathbf{Z} \to \mathbf{Z}^+, f(x) = |x|+2$,即 $x \in \mathbf{Z}, |x| \geqslant 0$,则 $f(x) = |x|+2 \geqslant 2$,故函数的值域为 $\mathrm{ran} f = N - \{0,1\}$。

例 5.13　设 $X = \{1,2,3\}, y = \{a,b,c\}$,确定下列关系是否为从 X 到 Y 的函数;如果是,找出定义域和值域。

(1) $\{<1,a>,<2,a>,<3,c>\}$。

(2) $\{<1,c>,<2,a>,<3,b>\}$。

解:(1) $\{<1,a>,<2,a>,<3,c>\}$ 是 X 到 Y 的函数,其定义域为 $\mathrm{dom} f = A = \{1,2,3\}$,其值域为 $\mathrm{ran} f = \{a,c\}$。

(2) $\{<1,c>,<2,a>,<3,b>\}$ 是 X 到 Y 的函数,其定义域为 $\mathrm{dom} f = A = \{1,2,3\}$,其值域为 $\mathrm{ran} f = B = \{a,b,c\}$。

例 5.14　给定函数 f 和集合 A、B,对每一组 f 和 A、B,求 A 在 f 下的像 $f(A)$ 和 B 在 f 下的完全原像 $f^{-1}(B)$。

(1) $f:N \to N \times N, f(x) = <x,x+1>, A = \{5\}, B = \{<2,3>\}$。

(2) $f:N \to N \times N, f(x) = 2x+1, A = \{2,3\}, B = \{1,3\}$。

(3) $f:S \to S \times S, S = \{0,1\}, f(x) = x/2+1/4, A = (0,1), B = [1/4,1/2]$。

解：(1) $f(A)=f(\{5\})=\{<5,6>\}$，$f^{-1}(B)=f^{-1}(\{<2,3>\})=\{2\}$。

(2) $f(A)=f(\{2,3\})=\{5,7\}$，$f^{-1}(B)=f^{-1}(\{1,3\})=\{0,1\}$。

(3) $f(A)=f((0,1))=(1/4,3/4)$，$f^{-1}(B)=f^{-1}([1/4,1/2])=[0,1/2]$。

例 5.15 举出满足下列要求的例子。

(1) 单射但非满射。

(2) 满射但非单射。

(3) 既非单射也非满射。

(4) 既是单射也是满射。

解：(1) $f:I\to I,f(x)=x^3$。

(2) $f:N\to\{0,1\},f(n)=\begin{cases}1,&n\text{ 是奇数}\\0,&n\text{ 是偶数}\end{cases}$。

(3) $f:R\to R,f(x)=x^2+1$。

(4) $f:I\to I,f(x)=x+1$。

例 5.16 (1) 设 $A=\{0,1,2,3,4\}$，f 是从 A 到 A 的函数：$f(x)=4x(\bmod 5)$。试将 f 写成序偶组成的集合，判断 f 是单射的还是满射的？

(2) 设 $A=\{0,1,2,3,4,5\}$，f 是从 A 到 A 的函数：$f(x)=4x(\bmod 6)$。试将 f 写成序偶组成的集合，判断 f 是单射的还是满射的？

解：(1) $f=\{<0,0>,<1,4>,<2,3>,<3,2>,<4,1>\}$，由图 5.3(a)可知，$f$ 是双射的。

(2) $f=\{<0,0>,<1,4>,<2,2>,<3,0>,<4,4>\}$，由图 5.3(b)可知，$f$ 既不是单射的也不是满射的。

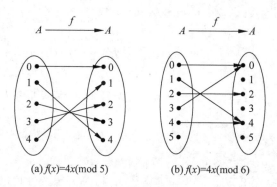

图 5.3　函数关系图

例 5.17 设 $\mathbf{N}$ 是自然数集，f 和 g 都是从 $\mathbf{N}\times\mathbf{N}$ 到 $\mathbf{N}$ 的函数，且 $f(x,y)=x+y$，$g(x,y)=xy$。求证：f 和 g 是满射的，不是单射的。

证明：设任意 $n\in\mathbf{N}$，存在 $<n,0>\in\mathbf{N}\times\mathbf{N}$，则 $f(n,1)=n\in\mathbf{N}$，$g(n,1)=n\in\mathbf{N}$，故 f、g 是满射。但 f、g 不是单射的，如 $f(2,2)=4=f(3,1)$，$g(3,4)=g(2,6)=12$。

例 5.18 设 $f:\mathbf{R}\times\mathbf{R}\to\mathbf{R}\times\mathbf{R},f(<x,y>)=<(x+y)/2,(x-y)/2>$，求证 f 是双射的。

证明：对于 $<x,y>,<u,v>\in\mathbf{R}\times\mathbf{R}$，设 $f(<x,y>)=f(<u,v>)$，可得 $<(x+y)/2,$

$(x-y)/2>=<(u+v)/2,(u-v)/2>$,即$(x+y)/2=(u+v)/2,(x-y)/2=(u-v)/2$,解得 $x=u,y=v$,故$<x,y>=<u,v>$,因此 f 是单射的;

对于任意$<u,v>\in \mathbf{R}\times\mathbf{R}$,令 $f(<x,y>)=<u,v>$,可得$<(x+y)/2$,$(x-y)/2>=<u,v>$,即$(x+y)/2=u,(x-y)/2=v$,只要取 $x=u+v,y=u-v$ 就可使该式成立,因为$<u,v>\in \mathbf{R}\times\mathbf{R}$,所以$<x,y>\in \mathbf{R}\times\mathbf{R}$。故 f 是满射的。

综上所述,f 是双射的。

例 5.19 设函数 $f:A\to B$ 是双射函数。求证:f 的逆关系$\{<b,a>|<a,b>\in f\}$ 是 B 到 A 的函数。

证明:对于任意 $b\in B$,因为 $f:A\to B$ 是双射的,即 $f:A\to B$ 是满射的,则存在 $a\in A$ 使$<a,b>\in f$,由逆关系定义可得$<b,a>\in f^{-1}$;若$<y,x>\in f^{-1}$ 且$<y,x_1>\in f^{-1}$,由逆关系定义得可$<x,y>\in f$ 且$<x_1,y>\in f$。又因为 $f:A\to B$ 是单射的,故 $x=x_1$。

综上所述,由函数定义可知,f^{-1} 是 B 到 A 的函数。

例 5.20 设 $f:\mathbf{R}\to\mathbf{R},f(x)=\cos x$,试问 f 有没有逆函数?为什么?如果没有,将如何修改 f 的定义域或值域使 f 有逆函数。

解:没有,因为 f 不是双射函数。若将函数 f 的定义域和值域分别改为$[0,\pi]$和$[-1,1]$,则 f 有逆函数。

例 5.21 设 $f:A\to B,g:B\to C,f\circ g:A\to C$ 是双射的。证明下列各命题。

(1) $f:A\to B$ 是单射的。

(2) $g:B\to C$ 是满射的。

证明:(1) 因为 $g\circ f:A\to C$ 是双射的,所以 $g\circ f:A\to C$ 是单射的。假设 $a_1,a_2\in A$ 且 $a_1\neq a_2$,则 $f(a_1)=f(a_2)$。而 $g:B\to C$ 是函数,则 $g\circ f(a_1)=g\circ f(a_2)$,这与 $g\circ f:A\to C$ 是单射的矛盾,故 f 是单射的;

(2) 因为 $g\circ f:A\to C$ 是双射的,所以 $g\circ f:A\to C$ 是满射的。对于任意 $c\in C$,存在 $a\in A$,使得 $g\circ f(a)=g(f(a))=c$。又因为 $f:A\to B$ 是函数,故存在 $b=f(a)\in B$。因此,存在 $b\in B$ 使得 $g(b)=c$,故 g 是满射的。

例 5.22 设函数 $g:A\to B,f:B\to C$,回答命题(1)~(6)。若命题为真,则证明;若命题为假,则给出反例。

(1) 若 f 是单射的,则 $f\circ g$ 是单射的。

(2) 若 f 是满射的,则 $f\circ g$ 是满射的。

(3) 若 $f\circ g$ 是单射的,则 f 是单射的。

(4) 若 $f\circ g$ 是单射的,则 g 是单射的。

(5) 若 $f\circ g$ 是满射的,则 f 是满射的。

(6) 若 $f\circ g$ 是双射的,则 f 是满射的,g 是单射的。

解:(1) 假。例如,设 $A=\{a,b,c\},B=\{x,y\},C=\{1,2,3\}$。尽管 $f=\{<x,1>,<y,2>\}$是单射的,但若 $g=\{<a,x>,<b,x>,<c,y>\}$,则 $f\circ g=\{<a,1>,<b,1>,<c,2>\}$不是单射的。

(2) 假。例如,设 $A=\{a,b,c\},B=\{x,y\},C=\{1,2\}$,若设 $g=\{<a,x>,<b,x>,$

$<c,x>\}$，尽管 $f=\{<x,1>,<y,2>\}$ 是满射的，但 $f\circ g=\{<a,1>,<b,1>,<c,1>\}$ 不是满射的。

(3) 假。例如，设 $A=\{a,b,c\}$，$B=\{x,y,z,w\}$，$C=\{1,2,3\}$。若设 $g=\{<a,x>,<b,y>,<c,z>\}$，$f=\{<x,1>,<y,2>,<z,3>,<w,2>\}$，虽然 $f\circ g=\{<a,1>,<b,2>,<c,3>\}$ 是单射的，但 f 不是单射的。

(4) 真。证明：用反证法。设有 $a_1,a_2\in A$ 且 $a_1\neq a_2$，但 $g(a_1)=g(a_2)$，而 $f:B\to C$ 是函数，所以 $f\circ g(a_1)=f\circ g(a_2)$，这与 $f\circ g:A\to C$ 是单射的矛盾。故 g 是单射的。

(5) 真。证明：因为 $f\circ g$ 是满射的，所以，对于任意的 $c\in C$，存在 $a\in A$，使得 $f\circ g(a)=c$，即 $f(g(a))=c$。又因为 $g:A\to B$ 是函数，所以有 $b=g(a)\in B$，使得 $f(b)=c$。因此 f 是满射的。

(6) 真。证明：因为 $f\circ g$ 是双射的，所以 $f\circ g$ 既是满射的，又是单射的，由(4)、(5)可知 f 是满射的，g 是单射的。

例 5.23 (1) 设 f 是从 A 到 B 的一个函数，定义 A 上的关系 R：aRb 当且仅当 $f(a)=f(b)$。证明 R 是 A 上的等价关系。

(2) 设 f 是 A 中特征函数。定义 A 上关系 R：aRb 当且仅当 $f(a)=f(b)$。由(1)知 R 是一个等价关系。试问等价类是什么？

(1) 证明：因为 f 是从 A 到 B 的函数，所以 $f(a)=f(a)$，因此 aRa，即 R 是自反的；对于任意的 $a,b\in A$，若 aRb，则 $f(a)=f(b)$，所以 $f(b)=f(a)$，因此 bRa，即 R 是对称的；对于任意的 $a,b,c\in A$，若 aRb、bRc，则 $f(a)=f(b)$，$f(b)=f(c)$，所以 $f(a)=f(c)$，即 aRc，因此 R 是传递的。

(2) 解：等价类是 $\{A,\overline{A}\}$。

例 5.24 求证：从 $A\times B\to B\times A$ 存在单射函数，并且此函数为满射函数。

证明：设 $f:A\times B\to B\times A$，$f(a,b)=<b,a>$，对任意 $<a,b>\in A\times B$ 均成立。对任意 $a_1,a_2\in A$，$b_1,b_2\in B$，由函数 $f:A\times B\to B\times A$ 可得 $f(a_1,b_1)=<b_1,a_1>$，$f(a_2,b_2)=<b_2,a_2>$。若 $f(a_1,b_1)=f(a_2,b_2)$，则 $<b_1,a_1>=<b_2,a_2>$，因此 $b_1=b_2$，$a_1=a_2$，所以 $<a_1,b_1>=<a_2,b_2>$，故 f 是单射的。

若对于任意 $<b,a>\in B\times A$(这里 $b\in B$，$a\in A$)，根据定义可知 $<b,a>$ 的原象是 $<a,b>\in A\times B$，满足满射函数的定义，故 f 是满射函数。

例 5.25 求证：若 $f:A\to B$ 是单射的，则对集合 A 的所有子集 X 和 Y，$f(X\cap Y)=f(X)\cap f(Y)$。

证明：对于任意的 $y\in f(X\cap Y)$，存在 $x\in X\cap Y$，使得 $y=f(x)$，这是因为 $x\in X\cap Y$，则 $x\in X$ 且 $x\in Y$，因此，$f(x)\in f(X)$，$f(x)\in f(Y)$，所以 $f(x)\in f(X)\cap f(Y)$，即 $f(X\cap Y)\subseteq f(X)\cap f(Y)$。

任取 $u\in f(X)\cap f(Y)$，则 $u\in f(X)$，$u\in f(Y)$，因此，存在 $x\in X$ 且 $y\in Y$，使得 $u=f(x)$，$u=f(y)$，即 $f(x)=f(y)$。又因为 $f:A\to B$ 是单射的，所以 $x=y$，故 $x\in X\cap Y$。因此，$f(x)\in f(X\cap Y)$，即 $f(X)\cap f(Y)\subseteq f(X\cap Y)$。

综上所述，$f(X\cap Y)=f(X)\cap f(Y)$。

本 章 小 结

1. 重点与难点

本章重点：

(1) 从集合 A 到集合 B 的函数、求由 A 到 B 的函数个数；

(2) 判断和证明函数性质(单射、满射、双射)；

(3) 常函数、恒等函数及商集的概念；

(4) 复合函数与逆函数的概念及性质。

本章难点：

(1) 从集合 A 到集合 B 的函数或映射的判定和证明；

(2) 从集合 A 到集合 B 的函数性质(单射、满射、双射)的判定和证明；

(3) 求一个集合到其商集的典型(自然)映射；

(4) 复合函数与逆函数的概念，复合运算与逆运算的性质。

2. 思维导图

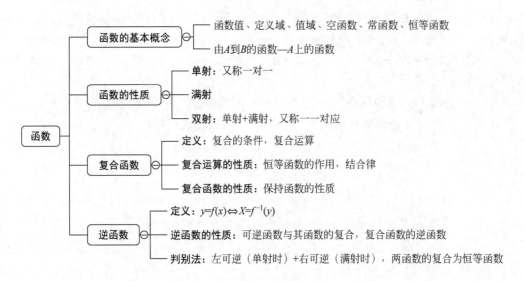

习 题

1. 设 $A=\{1,2,3,4\}$，$B=\{x,y,z,w\}$，判断命题(1)～(5)的每个关系是不是从 A 到 B 的一个函数。如果是函数，找出其定义域和值域，并确定它是不是单射的或满射的。如果它既是单射又是满射的，那么给出用有序对的集合描述的逆函数，并给出该逆函数的定义域和值域。

(1) $\{<1,x>,<2,x>,<3,z>,<4,y>\}$。

(2) $\{<1,z>,<2,x>,<3,y>,<4,z>,<2,w>\}$。

(3) $\{<1,z>,<2,w>,<3,x>,<4,y>\}$。

(4) $\{<1,w>,<2,w>,<4,x>\}$。

(5) $\{<1,y>,<2,y>,<3,y>,<4,y>\}$。

2. 设 $X=\{1,2,3\}$，$y=\{a,b,c\}$，确定下列关系是否为从 X 到 Y 的函数。如果是，找出其定义域和值域。

(1) $\{<1,a>,<2,a>,<3,c>\}$。

(2) $\{<1,c>,<2,a>,<3,b>\}$。

(3) $\{<1,c>,<1,b>,<3,a>\}$。

(4) $\{<1,b>,<2,b>,<3,b>\}$。

3. 设 $A=\{x,y,z\}$，$B=\{a,b\}$，求 B^A。

4. 设 **N** 是自然数，确定下列函数中哪些是双射的？哪些是满射的？哪些是单射的？

(1) $f:\mathbf{N}\rightarrow\mathbf{N},f(n)=n+1$。

(2) $f:\mathbf{N}\rightarrow\mathbf{N},f(n)=\begin{cases}1, & n \text{ 为奇数} \\ 0, & n \text{ 为偶数}\end{cases}$。

(3) $f:\mathbf{N}\rightarrow\{0,1\},f(n)=\begin{cases}1, & n \text{ 为奇数} \\ 0, & n \text{ 为偶数}\end{cases}$。

(4) $f:\mathbf{R}\rightarrow\mathbf{R},f(x)=x^3+1$。

5. 考虑下述从 **R** 到 **R** 的函数：$f(x)=2x+5,g(x)=x+7,h(x)=x/3,k(x)=x-4$。试构造 $g\circ f$、$f\circ g$、$f\circ f$、$g\circ g$、$f\circ h$、$g\circ h$。

6. 设 $f:\mathbf{R}\rightarrow\mathbf{R},f(x)=x^2-2,g:\mathbf{R}\rightarrow\mathbf{R},g(x)=x+4,h:\mathbf{R}\rightarrow\mathbf{R},h(x)=x^3-1$，试求：

(1) $g\circ f$、$f\circ g$。

(2) $g\circ f$ 和 $f\circ g$ 是否为单射的、满射的和双射的？

(3) f、g、h 中哪些函数有逆函数？如果有，求出这些逆函数。

第6章 图 论

图论以图为研究对象,是现代数学的一个重要分支。在现实世界中,许多状态是用图形来描述的,图论中的图是由若干给定的点及连接两点的线所构成的图形,这种图形通常用来描述某些事物之间的某种特定关系,用点代表事物,连线表示相应两个事物间具有某种关系。

本章介绍图论的基本概念和基本算法,学习把实际问题抽象为图论中的问题,然后用图论的方法加以解决。图论作为一个数学分支,有一套完整的体系和内容,本章仅介绍图论的基础知识,为今后进一步学习计算机相关课程打好基础。

本章学习目标及思政点

学习目标

- 图的基本概念,内容包括零图、平凡图、简单图、多重图、无向图、有向图等
- 图的表示、图的邻接矩阵
- 无向连通图及有向连通图
- (无向)树、平凡树(即平凡图)、树林、生成树、最小生成树
- 树根、分支节点、树叶、二叉树、完全二叉树、满二叉树、有序树

思政点

由哥尼斯堡七桥问题引入欧拉图的概念,介绍图论之父欧拉的不倦一生,引导学生遇到问题要善于去观察和思考,要有不怕困难和勇于挑战的精神。进一步通过阐述欧拉图定义、判定定理和应用举例,来培养学生的科学思维方法,使学生体会推动理论发展的源动力——应用需求,以及理论对实践的指导作用。

6.1 图的基本概念

图论起源于哥尼斯堡七桥问题。1736年,29岁的欧拉向圣彼得堡科学院递交了《哥尼斯堡的七座桥》的论文,在解答七桥问题的同时,开创了数学的一个新的分支——图论与几何拓扑。1859年,数学家哈密顿(Hamilton)提出了一个叫作"周游世界"的游戏:在一个正十二面体的20个顶点上,依次标注了伦敦、巴黎、莫斯科等世界著名城市。要求游戏者从某个城市出发,把所有的城市都走过一次,且仅走过一次,然后回到出发点。这个问题就是图论中著名的"哈密顿问题"。用图论的语言来描述,游戏的目的是在十二面体的图中找出一个生成圈。这个生成圈被称为哈密顿回路。由于运筹学、计算机科学和编码理论中的很多问题都可以化为哈密顿问题,从而引起广泛的注意和研究。

6.1.1　图的定义

在许多实际问题中,事物之间的某种关系往往可以用图来描述。一个图通常包括一些节点及节点之间的连线,至于途中线段的长度及节点的位置并不重要。因此,图论中的图是一个非常抽象的概念,它可以表示许多具体的东西。这里所讨论的图与人们通常所熟悉的图,如圆、椭圆、函数图表等并不相同。图论中的图指某类具体离散事物的集合和该集合中的事物间以某种方式相联系的数学模型。如果用点表示具体事物,用连线表示一对具体事物之间的联系,那么,图是由表示具体事物的点和表示事物之间联系的线所构成的集合。

以图 6.1 所示的航线图为例,图中的点表示城市,当两个城市间有直达航班时,就用一条线将这两个点连接起来。

假设有 A、B 和 C 三位教授,D、E 和 F 三门课程,假设 A 教授只能讲课程 D,B 教授能讲课程 E 和 F,C 教授能讲课程 D 和 E。则这种情形可用图 6.2 表示,其中,在教授和讲授的课程之间有连线。

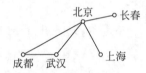
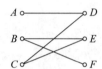

图 6.1　城市航线图　　　　　图 6.2　教授和课程的关系

图 6.1 和图 6.2 也可以表示其他的含义。例如,图 6.2 中点 A、B、C、D、E 和 F 分别表示 6 家企业,如果某两家企业有业务往来,则其对应的点之间用线连接起来,这时的图形则反映了这 6 家企业间的业务关系。

对于这种图形,我们感兴趣的只是有多少个点和哪些点之间有连线,至于连线的长短曲直和节点的位置却无关紧要,只要求每条线都起始于一个点,而终止于另一个点。

定义 6.1　　一个图是一个序偶$<V,E>$,记为 $G=<V,E>$,其中:

(1) $V=\{v_1,v_2,\cdots,v_n\}$ 是有限非空集,v_i 称为节点,简称点,V 称为节点集。

(2) E 是有限集,称为边集。$E=\{e_1,e_2,\cdots,e_m\}$ 中的每个元素都有 V 中的节点对与之对应,称之为边。

定义 6.1 中的节点对既可以是无序的,又可以是有序的。

若边 e 与无序节点对 (u,v) 相对应,则称 e 为无向边,记为 $e=(u,v)=(v,u)$,这时称 u、v 是边 e 的两个端点。

若边 e 与有序节点对 $<u,v>$ 相对应,则称 e 为有向边(或弧),记为 $e=<u,v>$,这时称 u 为 e 的始点(或弧尾),v 为 e 的终点(或弧头),统称为 e 的端点。

令 V 是包含 n 个节点的集合,E 为 m 条边的集合,其中,每条边都是集合 V 的二元子集,如边 $e_1=\{u,v\}$,简记为 uv 或 vu,其中 u、v 称为边 uv 的端点。一个图就是 V 与 E 构成的序偶,记作 $G=(V,E)$。于是,常用 $V(G)$ 和 $E(G)$ 来表示某一个图 G 的节点集与边集。也可以使用其他符号来表示图,如用 F、H 或 G_1 等。

集合 $V(G)$ 的基数 n 表示图 G 的阶,集合 $E(G)$ 的基数 m 表示图 G 的规模,有时也将图 G 记作 (n,m)。在图 G 中,若边集 $E(G)=\varnothing$,则称 G 为零图。此时,若 G 为 n 阶图,则称 G 为 n 阶零图,记作 N_n。特别地,称 N_1 为平凡图。在图的定义中,规定节点集 V 为非空集,但在图的运算中可能产生节点集为空集的运算结果,为此,规定节点集为空集的图为空图,并将空图记为 $\varnothing$。阶为有限的图称为有限图,否则称为无限图,本章仅讨论有限图。

注意:在图论研究中,常常关注的是图的结构,而节点的名称或标号对图的性质没有影响,一般不需要给图的每一个节点赋以一个标号,但为了讨论方便与实际应用需要,本章所讨论的图的节点大多有标号。节点没有标号的图称为非标号图,否则为标号图。

如果图中存在某两条边的端点都相同,则称该图为多重图,这两条边称为平行边。如果一条边关联的两个节点是同一节点,则称该边为圈或自环。不存在平行边与圈的图称为简单图。本章如果没有明确指出,所说的图均指简单图。

6.1.2 图的表示

1. 图的图形表示

而为了描述简便,在一般情况下,往往只画出图 G 的图形。用小圆圈表示 V 中的节点,用由 u 指向 v 的有向线段或曲线表示有向边 $<u,v>$,无向线段或曲线表示无向边 (u,v),这称为图的图形表示。

例 6.1 设图 $G=<V,E>$,这里 $V=\{v_1,v_2,v_3,v_4,v_5\}$,$E=\{e_1,e_2,e_3,e_4,e_5,e_6\}$,其中 $e_1=(v_1,v_2)$,$e_2=<v_1,v_3>$,$e_3=(v_1,v_4)$,$e_4=(v_2,v_3)$,$e_5=<v_3,v_2>$,$e_6=(v_3,v_3)$。试画出图 G 的图形,并指出哪些是有向边,哪些是无向边?

分析:因为 V 中有 5 个节点,所以要用 5 个圆圈表示这 5 个节点,点的位置可随意摆放。而对 E 中的 6 条边,圆括号括起的节点对表示无向边,直接用直线或曲线连接两个端点,尖括号括起的节点对表示有向边,前一个是始点,后一个是终点,用从始点指向终点的有向直线或曲线连接。

解:图 G 的图形如图 6.3 所示;e_1、e_3、e_4、e_6 是无向边,e_2、e_5 是有向边。

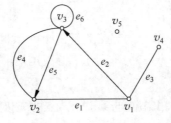

图 6.3 例 6.1 图 G

2. 图的集合表示

对于一个图 G,如果将其记为 $G=<V,E>$,并写出 V 和 E 的集合表示,则称为图的集合表示。

例 6.2　设图 $G=<V,E>$ 的图形如图 6.4 所示,试写出 G 的集合表示。

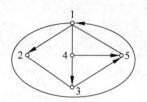

图 6.4　例 6.2 图 G

分析：所有圆圈记号构成节点的集合；将连接节点对的直线或曲线用圆括号括起,表示无向边；将连接节点对的有向直线或曲线用尖括号括起,表示有向边,箭头所指的节点放在后面。

解：图 G 的集合表示为 $G=<V,E>=<\{1,2,3,4,5\},\{<1,1>,<1,2>,(1,4),$ $(1,5),(2,3),<3,5>,<4,3>,<4,5>\}>$。

用集合描述图的优点是精确,但抽象不易理解。

用图形表示图的优点是形象直观,但当图中的节点和边的数目较大时,使用这种方法很不方便,甚至不可能实现。

3. 图的矩阵表示

实际应用中常常需要分析图并在图上执行各种过程和算法,如果用计算机来执行这些算法,就必须把图的节点和边传输给计算机,因为集合与图形都不适合计算机处理,所以要找到一种新的表示图的方法,这就是图的矩阵表示。

由于矩阵的行和列有固定的次序,因此在用矩阵表示图时,先要将图的节点进行排序,若不具体说明,则默认为书写集合 V 时节点的顺序。

定义 6.2　设图 $G=<V,E>$,其中 $V=\{v_1,v_2,\cdots,v_n\}$,并假定节点已经有了从 v_1 到 v_n 的次序,则 n 阶方阵 $\boldsymbol{A}_G=(a_{ij})_{n\times n}$ 称为 G 的邻接矩阵,其中

$$a_{ij}=\begin{cases}1, & 若(v_i,v_j)\in E \text{ 或} <v_i,v_j>\in E \\ 0, & 否则\end{cases} \qquad i,j=1,2,3,\cdots,n$$

图的邻接矩阵就是表示图中节点的邻接关系的矩阵,邻接矩阵与图是一种一一对应关系。构造图的邻接矩阵分两步：

① 确定图节点的顺序；

② 矩阵的元素 a_{ij} 表示第 i 个节点与第 j 个节点的邻接关系,用 1 或 0 来表示,如果邻接,则 a_{ij} 为 1,否则为 0。

例 6.3　试写出图 6.5 所示图 G 的邻接矩阵。

分析：首先将图中的 6 个节点排序,然后利用定义 6.2 写出其邻接矩阵。可先在矩阵的行与列前分别按顺序标上节点,若第 i 行前的节点到第 j 列前的节点有边相连,则邻接矩阵的第 i 行第 j 列元素为 1,否则为 0。若节点排序为 $v_1v_2v_3v_4v_5v_6$,则可标记

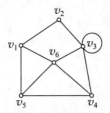

图 6.5　例 6.3 图 G

如下：

$$
\begin{array}{c}
\ v_1\ v_2\ v_3\ v_4\ v_5\ v_6 \\
\begin{array}{c}
v_1 \\ v_2 \\ v_3 \\ v_4 \\ v_5 \\ v_6
\end{array}
\left[
\begin{array}{cccccc}
0 & 1 & 0 & 0 & 1 & 1 \\
1 & 0 & 1 & 0 & 0 & 0 \\
0 & 1 & 1 & 1 & 0 & 1 \\
0 & 0 & 1 & 0 & 1 & 1 \\
1 & 0 & 0 & 1 & 0 & 1 \\
1 & 0 & 1 & 1 & 1 & 0
\end{array}
\right]
\end{array}
$$

邻接矩阵为

$$
A_G =
\left[
\begin{array}{cccccc}
0 & 1 & 0 & 0 & 1 & 1 \\
1 & 0 & 1 & 0 & 0 & 0 \\
0 & 1 & 1 & 1 & 0 & 1 \\
0 & 1 & 1 & 0 & 1 & 1 \\
1 & 0 & 0 & 1 & 0 & 1 \\
1 & 0 & 1 & 1 & 1 & 0
\end{array}
\right]
$$

解：由定义 6.2 可知，图 $G=<V,E>$ 的邻接矩阵依赖于 V 中元素的次序。对于 V 中各元素不同的排序，可得到图 G 的不同邻接矩阵。但是，G 的任何一个邻接矩阵可以从 G 的另一邻接矩阵中通过交换某些行和相应的列而得到，交换过程与将一个排序中的节点交换位置变为另一个排序是一致的。如果略去由节点排序不同而引起的邻接矩阵的不同，则图与邻接矩阵之间是一一对应的。因此，略去这种由于 V 中元素的次序而引起的邻接矩阵的任意性，只选 V 中元素的任意一种次序所得出的邻接矩阵，作为图 G 的邻接矩阵。

图中的节点重排次序为 $v_5 v_2 v_1 v_3 v_6 v_4$，得另一个邻接矩阵为

$$
A_{1G} =
\left[
\begin{array}{cccccc}
0 & 0 & 1 & 0 & 1 & 1 \\
0 & 0 & 1 & 1 & 0 & 0 \\
1 & 1 & 0 & 0 & 1 & 0 \\
0 & 1 & 0 & 1 & 1 & 1 \\
1 & 0 & 1 & 1 & 0 & 1 \\
1 & 0 & 0 & 1 & 1 & 0
\end{array}
\right]
$$

在邻接矩阵 A_{1G} 中，如果先交换第 1、3 行，而后交换第 1、3 列；接着交换第 3、4 行，再

交换第 3、4 列；接着交换第 5、6 行，再交换第 5、6 列；接着交换第 4、5 行，再交换第 4、5 列。那么就能由邻接矩阵 $\boldsymbol{A}_{1G}$ 得到邻接矩阵 $\boldsymbol{A}_G$。

6.1.3　图的运算

定义 6.3　图 $G=<V,E>$。

（1）设 $e\in E$，用 $G-e$ 表示从 G 中去掉边 e 得到的图，称为删除边 e。又设 $E'\subseteq E$，用 $G-E'$ 表示从 G 中删除 E' 中所有边得到的图，称为删除 E'。

（2）设 $v\in V$，用 $G-v$ 表示从 G 中去掉节点 v 及 v 关联的所有边得到的图，称为删除节点 v。又设 $V'\subset V$，用 $G-V'$ 表示从 G 中删除 V' 中所有节点及关联的所有边得到的图，称为删除 V'。

（3）设 $e=(u,v)\in E$，用 $G-e$ 表示从 G 中删除 e，将 e 的两个端点 u、v 用一个新的节点 w 代替，使 w 关联除 e 外的 u 和 v 关联的一切边，称为边 e 的收缩。一个图 G 可以收缩为图 H，指 H 可以从 G 经过若干次边的收缩而得到。

（4）设 $u,v\in V$（u,v 可能相邻，也可能不相邻），用 $G\bigcup(u,v)$ 表示在 u、v 之间加一条边 (u,v)，称为加新边。

6.1.4　邻接点与邻接边

定义 6.4　在图 $G=<V,E>$ 中，若两个节点 v_i 和 v_j 是边 e 的端点，则称 v_i 与 v_j 互为邻接点，否则 v_i 与 v_j 称为不邻接的；具有公共节点的两条边称为邻接边；两个端点相同的边称为环或自回路；图中不与任何节点相邻接的节点称为孤立节点；仅由孤立节点组成的图称为零图；仅含一个节点的零图称为平凡图；含有 n 个节点和 m 条边的图称为 (n,m) 图。

例 6.4　试写出图 6.6 所示图 G 的所有节点的邻接点、所有边的邻接边，并指出所有的孤立节点和环。

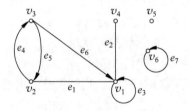

图 6.6　例 6.4 图 G

分析：根据定义 6.4，如果两个节点间有边相连，那么它们互为邻接点；如果两条边有公共节点，那么它们互为邻接边。需要注意的是，只有当一个节点处有环时，它才是自己的邻接点。由于一条边有两个端点，在计算邻接边时，要把这两个端点都算上，例如，e_2 和 e_4 都是 e_1 的邻接边。所有的边都是自己的邻接边。

解：图 G 既不是平凡图，也不是零图，而是一个 $(6,7)$ 图。图 G 所有节点的邻接点和孤立节点如表 6.1 所示，所有边的邻接边和环如表 6.2 所示。

表 6.1 例 6.4 图 G 所有节点的邻接点和孤立节点

节 点	邻 接 点	是否孤立节点
v_1	v_1,v_2,v_3,v_4	否
v_1	v_1,v_3	否
v_1	v_1,v_2	否
v_1	v_1	否
v_1		是
v_1	v_6	否

表 6.2 例 6.4 图 G 所有边的邻接边和环

边	邻 接 边	是 否 环
e_1	e_1,e_2,e_3,e_4,e_5,e_6	否
e_2	e_1,e_2,e_3,e_6	否
e_3	e_1,e_2,e_3,e_6	是
e_4	e_1,e_4,e_5,e_6	否
e_5	e_1,e_1,e_1,e_1	否
e_6	e_1,e_2,e_3,e_4,e_5,e_6	否
e_7	e_7	是

6.1.5 图的分类

1. 按边有无方向分类

定义 6.5 每条边都是无向边的图称为无向图；每条边都是有向边的图称为有向图；有些边是无向边,而另一些边是有向边的图称为混合图。

本章的关系图都是有向图,此时邻接矩阵就是关系矩阵。

例 6.5 试判断图 6.7 中的 G_1、G_2、G_3 是无向图、有向图还是混合图。

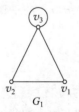 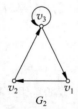 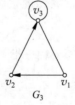

图 6.7 例 6.5 图

分析：判断无向图、有向图和混合图,仅看边有无方向即可。

解：G_1 为无向图,G_2 为有向图,G_3 为混合图。

说明：仅讨论无向图和有向图,至于混合图,可将其中的无向边看成方向相反的两条有向边,从而转化为有向图来研究。例如,可将图 G_3 转化为图 6.8。

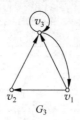

图 6.8　例 6.5 的 G_3 图

2. 按有无平行边分类

定义 6.6　在有向图中,两节点间(包括节点自身间)若有同始点和同终点的几条边,则这几条边称为平行边;在无向图中,两节点间(包括节点自身间)若有几条边,则这几条边称为平行边。两节点 a、b 间相互平行的边的条数称为边 (a,b) 或 $<a,b>$ 的重数。含有平行边的图称为多重图;非多重图称为线图;无环的线图称为简单图。

例 6.6　试判断图 6.9 所示的图 G_1、G_2、G_3、G_4 是多重图、线图还是简单图,并指出多重图中所有平行边的重数。

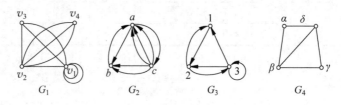

图 6.9　例 6.6 图

分析:多重图和线图,看有无平行边即可;简单图是一种特殊的线图,无环而已。两个端点都相同的无向边是平行边,但两个端点都相同的有向边不一定是平行边,如图 6.9(b) G_2 中的 $<a,c>$ 和 $<c,a>$ 就不是平行边,因此 $<c,a>$ 的重数是 3,而不是 4。

解:G_1、G_2 是多重图,G_3 是线图,G_4 是简单图。G_1 中平行边 (v_1,v_1) 的重数为 2,(v_1,v_3) 的重数为 2,(v_2,v_4) 的重数为 3;G_2 中平行边 $<c,a>$ 的重数为 3,$<c,b>$ 的重数为 2。

3. 按边或节点是否含权分类

赋权图 G 是一个三重组 $<V,E,g>$ 或四重组 $<V,E,f,g>$,其中 V 是节点的集合,E 是边的集合,f 是从 V 到非负实数集的函数,g 是从 E 到非负实数集的函数。

例 6.7　图 6.10 所示的图哪个是赋权图,哪个是无权图?若是赋权图的请写出相应的函数。

分析:对每条边都赋予非负实数值,或者对每条边和每个节点都赋予非负实数值的图就是赋权图。图 6.10(a)G_1 的每条边都赋予了非负实数值,因此图 G_1 是赋权图。图 6.10(b) G_2 的每条边和每个节点都赋予了非负实数值,因此图 G_2 是赋权图。图 6.10(c)G_3 的边没

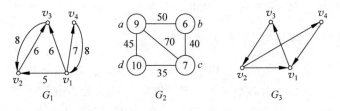

图 6.10 例 6.7 图

有赋予非负实数值,因此图 G_3 不是赋权图。

解:在图 6.10 中,G_1、G_2 是赋权图,G_3 不是赋权图。记图 $G_1 = <V_1, E_1, g_1>$ 和 $G_2 = <V_2, E_2, f_2, g_2>$,则有 $g_1(<v_1, v_2>) = 5, g_1(<v_1, v_3>) = 6, g_1(<v_1, v_4>) = 7, g_1(<v_2, v_3>) = 6, g_1(<v_3, v_2>) = 8, g_1(<v_4, v_1>) = 8$。

$f_2(a) = 9, f_2(b) = 6, f_2(c) = 7, f_2(d) = 10$;

$g_2((a,b)) = 50, g_2((a,c)) = 70, g_2((a,d)) = 45, g_2((b,d)) = 40, g_2((c,d)) = 35$。

注意:可以将上述三种分类方法综合起来对图进行划分。

6.1.6 子图

定义 6.7 设有图 $G = <V, E>$ 和图 $G_1 = <V_1, E_1>$。

(1) 若 $V_1 \subseteq V, E_1 \subseteq E$,则称 G_1 是 G 的子图,记为 $G_1 \subseteq G$。

(2) 若 $G_1 \subseteq G$,且 $G_1 \neq G$(即 $V_1 \subset V$ 或 $E_1 \subset E$),则称 G_1 是 G 的真子图,记为 $G_1 \subset G$。

(3) 若 $V_1 = V, E_1 \subseteq E$,则称 G_1 是 G 的生成子图。

(4) 设 $V_2 \subseteq V$ 且 $V_2 \neq \Phi$,以 V_2 为节点集,以两个端点均在 V_2 中的边的全体为边集的 G 的子图,称为 V_2 导出的 G 的子图,简称 V_2 的导出子图。

例 6.8 判断图 6.11 中,图 G_1、G_2 和 G_3 是不是图 G 的子图、真子图、生成子图、导出子图。

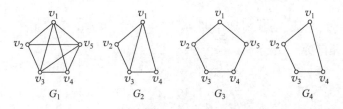

图 6.11 例 6.8 图

分析:由于子图、真子图和生成子图只需要判断节点集和边集是不是图 G 的节点集和边集,因此可知 G_1、G_2 和 G_3 都是图 G 的子图、真子图,只有 G_2 是图 G 的生成子图。

因为导出子图要求 G 中两个端点都在 V_2 的导出子图中,而 $<v_1, v_3>$ 都不在 G_2 和 G_3 中,所以仅有 G_1 是 G 的导出子图。

解:G_1、G_2 和 G_3 都是图 G 的子图、真子图,G_2 是图 G 的生成子图,G_1 是 G 的 $\{v_1, v_2, v_3, v_4\}$ 的导出子图。

注意：每个图都是它自身的子图、生成子图和导出子图。

6.1.7　节点的度与握手定理

定义 6.8　图 $G=<V,E>$ 中，以节点 $v\in V$ 为端点的边数（有环时计算两次）称为节点 v 的度，记为 $\deg(v)$。有向图 $G=<V,E>$ 中以节点 v 为始点的边数称为 v 的出度，记为 $\deg^{+}(v)$；以节点 v 为终点的边数称为 v 的入度，记为 $\deg^{-}(v)$。显然，$\deg(v)=\deg^{+}(v)+\deg^{-}(v)$。对于图 $G=<V,E>$，度为 1 的节点称为悬挂节点，以悬挂节点为端点的边称为悬挂边。

例 6.9　求图 6.12 中所有节点的度、出度和入度，指出悬挂节点、悬挂边，并用邻接矩阵验证。

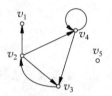

图 6.12　例 6.9 图

分析：求节点的度非常简单，只需要数清以该节点为端点的边数，出度只需要数以其为始点的边数，入度只需要数以其为终点的边数，无向环算 2 度，有向环出度和入度各算 1 度。只有度为 1 的才是悬挂节点，以悬挂节点为端点的边才是悬挂边。

解：$\deg(v_1)=1,\deg^{+}(v_1)=0,\deg^{-}(v_1)=1$

$\deg(v_2)=4,\deg^{+}(v_2)=3,\deg^{-}(v_2)=1$

$\deg(v_3)=3,\deg^{+}(v_3)=1,\deg^{-}(v_3)=2$

$\deg(v_4)=4,\deg^{+}(v_4)=2,\deg^{-}(v_4)=2$

$\deg(v_5)=\deg^{+}(v_5)=\deg^{-}(v_5)=0$

v_1 为悬挂节点，$<v_2,v_1>$ 为悬挂边。

该图的邻接矩阵为

$$A=\begin{bmatrix} 0 & 0 & 0 & 0 & 0 \\ 1 & 0 & 1 & 1 & 0 \\ 0 & 1 & 0 & 0 & 0 \\ 0 & 0 & 1 & 1 & 0 \\ 0 & 0 & 0 & 0 & 0 \end{bmatrix}$$

如果 A 是一个图 G 的邻接矩阵，那么 $A_n (n=1,2,3,\cdots)$ 中元素 (ij) 等于从节点 i 到节点 j 的长度为 n 的通路的数目。

定理 6.1（握手定理）　图中节点度的总和等于边数的 2 倍，即设图 $G=<V,E>$，则

$$\sum_{v\in V}\deg(v)=2\mid E\mid$$

这个结果是图论的第一个定理，它由欧拉于 1736 年最先给出。欧拉曾对此定理给出了这样

一个形象论断：如果许多人在见面时握了手，则被握过手的总次数为偶数。此定理称为图论的基本定理或握手定理。

推论 6.1　图中度为奇数的节点个数为偶数。

常称度为奇数的节点为奇数度节点，度为偶数的节点为偶数度节点。

定理 6.2　有向图中各节点的出度之和等于各节点的入度之和，等于边数，即设有向图 $G = <V, E>$，则有

$$\sum_{v \in V} \deg^+ (v) = \sum_{v \in V} \deg^- (v) = |E|$$

6.1.8　图的连通性

通路与回路是图论中两个重要的基本概念。本节所述定义一般来说既适合有向图，也适合无向图，否则将加以说明或分开定义。

1. 通路和回路

定义 6.9　给定图 $G = <V, E>$ 中节点和边相继交错出现的序列 $\Gamma = v_0 e_1 v_1 e_2 v_2 \cdots e_k v_k$。

（1）若 Γ 中边 e_i 的两端点是 v_{i-1} 和 v_i（G 是有向图时，要求 v_{i-1} 与 v_i 分别是 e_i 的始点和终点），$i = 1, 2, \cdots, k$，则称 Γ 为节点 v_0 到节点 v_k 的通路。v_0 和 v_k 分别称为此通路的始点和终点，统称为通路的端点。通路中边的数目 k 称为此通路的长度。当 $v_0 = v_n$ 时，此通路称为回路。

（2）若通路中的所有边互不相同，则称此通路为简单通路或一条迹；若回路中的所有边互不相同，则称此回路为简单回路或一条闭迹。

（3）若通路中的所有节点互不相同（从而所有边互不相同），则称此通路为基本通路或者初级通路、路径；若回路中除 $v_0 = v_k$ 外的所有节点互不相同（从而所有边互不相同），则称此回路为基本回路或者初级回路、圈。

说明：（1）回路是通路的特殊情况。因而，我们说某条通路时，它可能是回路。但当我们说某条基本通路时，一般指它不是基本回路的情况。

（2）基本通路（回路）一定是简单通路（回路），但反之不真。因为没有重复的节点肯定没有重复的边，但没有重复的边不能保证一定没有重复的节点。

（3）在不会引起误解的情况下，一条通路 $v_0 e_1 v_1 e_2 v_2 \cdots e_n v_n$ 也可以用边的序列 $e_1 e_2 \cdots e_n$ 来表示，这种表示方法对于有向图来说较为方便。在线图中，一条通路 $v_0 e_1 v_1 e_2 v_2 \cdots e_n v_n$ 也可以用节点的序列 $v_0 v_1 v_2 \cdots v_n$ 来表示。

例 6.10　判断图 6.13 G_1 中的回路 $v_3 e_5 v_4 e_7 v_1 e_4 v_3 e_3 v_2 e_1 v_1 e_4 v_3$、$v_3 e_3 v_2 e_2 v_2 e_1 v_1 e_4 v_3$、$v_3 e_3 v_2 e_1 v_1 e_4 v_3$ 是不是简单回路、基本回路，图 6.13 G_2 中的通路 $v_1 e_1 v_2 e_6 v_5 e_7 v_3 e_2 v_2 e_6 v_5 e_8 v_4$、$v_1 e_5 v_5 e_7 v_3 e_2 v_2 e_6 v_5 e_8 v_4$、$v_1 e_1 v_2 e_6 v_5 e_7 v_3 e_3 v_4$ 是不是简单通路、基本通路，并求其长度。

分析：判断一条通（回）路是不是简单通（回）路、基本通（回）路，主要是看它有无重复的边、节点。

解：在图 G_1 中，$v_3 e_5 v_4 e_7 v_1 e_4 v_3 e_3 v_2 e_1 v_1 e_4 v_3$ 中有重复的边 e_4，所以它不是简单回

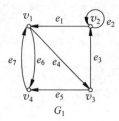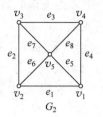

图 6.13　例 6.10 图

路,也不是基本回路;$v_3e_3v_2e_2v_2e_1v_1e_4v_3$ 虽然没有重复的边,但有重复的节点 v_2,所以只能是简单回路,而不是基本回路;而 $v_3e_3v_2e_1v_1e_4v_3$ 中既没有重复的边,也没有重复的节点,因此既是基本回路,又是简单回路;

在图 G_2 中,$v_1e_1v_2e_6v_5e_7v_3e_2v_2e_6v_5e_8v_4$ 中有重复的边 e_6,因此它既不是简单通路,也不是基本通路;$v_1e_5v_5e_7v_3e_2v_2e_6v_5e_8v_4$ 虽然没有重复的边,但有重复的节点 v_5,因此只能是简单通路,但不是基本通路;$v_1e_1v_2e_6v_5e_7v_3e_3v_4$ 中既没有重复的边,也没有重复的节点,因此既是基本通路,又是简单通路。

通(回)路的长度就是其包含的边的数目。

定义 6.10　在图 $G=<V,E>$中,$v_i,v_j\in V$。

(1) 如果从 v_i 到 v_j 存在通路,则称 v_i 到 v_j 是可达的,否则称 v_i 到 v_j 不可达。规定:任何节点到自己都是可达的。

(2) 如果 v_i 到 v_j 可达,则称长度最短的通路为从 v_i 到 v_j 的短程线,从 v_i 到 v_j 的短程线的长度称为从 v_i 到 v_j 的距离,记为 $d(v_i,v_j)$。如果 v_i 到 v_j 不可达,则通常记为 $d(v_i,v_j)=\infty$。

$d(v_i,v_j)$ 满足下列性质:

(1) $d(v_i,v_j)\geqslant 0$;

(2) $d(v_i,v_i)=0$;

(3) $d(v_i,v_k)+d(v_k,v_j)\geqslant d(v_i,v_j)$。

对于无向图,若 v_i 到 v_j 可达,则一定有 v_j 到 v_i 可达,也有 $d(v_i,v_j)=d(v_j,v_i)$。

对于有向图,若 v_i 到 v_j 可达,不一定有 v_j 到 v_i 可达,也不一定有 $d(v_i,v_j)=d(v_j,v_i)$。

例如,在图 6.14 所示 G_1 中,$d(v_1,v_2)=2,d(v_2,v_1)=1,d(v_4,v_1)=d(v_1,v_4)=1,d(v_2,v_4)=2,d(v_4,v_2)=3$;在图 6.14 所示 G_2 中,$d(v_1,v_3)=2,d(v_3,v_1)=2$。

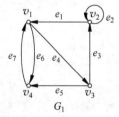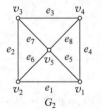

图 6.14　有向图和无向图

2. 无向图的连通性

定义 6.11 若无向图 G 中的任何两个节点都是可达的,则称 G 是连通图,否则称 G 是非连通图或分离图。

无向完全图 $K_n(n \geqslant 1)$ 都是连通图,而多于一个节点的零图都是非连通图。

定理 6.3 无向图 $G = <V,E>$ 中节点之间的可达关系 R 定义如下:

若 $R = \{<u,v> | u,v \in V, u$ 到 v 可达$\}$,则 R 是 V 上的等价关系。

定义 6.12 无向图 $G = <V,E>$ 中节点之间的可达关系 R 的每个等价类导出的子图都称为 G 的一个连通分支,用 $p(G)$ 表示 G 中的连通分支个数。

显然,无向图 G 是连通图当且仅当 $p(G) = 1$,每个节点和每条边都在且仅在一个连通分支中。

例 6.11 判断图 6.15 中无向图 G_1 和 G_2 的连通性,并求其连通分支个数。

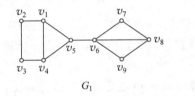 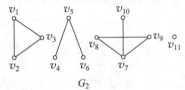

图 6.15 例 6.11 图

分析:本题容易看出 G_1 是连通图,G_2 是非连通图。G_2 中可达关系的等价类为 $\{v_1, v_2, v_3\}, \{v_4, v_5, v_6\}, \{v_7, v_8, v_9, v_{10}\}, \{v_{11}\}$,它们导出的子图即为 G_2 的 4 个连通分支。

解: G_1 是连通图,$p(G_1) = 1$。G_2 是非连通图,$p(G_2) = 4$。

3. 有向图的连通性

定义 6.13 设 $G = <V,E>$ 是一个有向图。

(1) 略去 G 中所有有向边的方向得无向图 G',如果无向图 G' 是连通图,则称有向图 G 是连通图或称为弱连通图,否则称 G 是非连通图。

(2) 若 G 中任何一对节点之间至少有一个节点到另一个节点是可达的,则称 G 是单向连通图。

(3) 若 G 中任何一对节点之间都是相互可达的,则称 G 是强连通图。

若有向图 G 是强连通图,则它必是单向连通图;若有向图 G 是单向连通图,则它必是(弱)连通图。但是上述二命题的逆命题均不成立。

例 6.12 判断图 6.16 中有向图 G_1、G_2、G_3 和 G_4 的连通性。

分析:先看略去图中所有有向边的方向而得无向图,容易看出 G_1、G_2、G_3 是连通的有向图,G_4 是非连通的有向图。再看有向连通图中节点间的可达情况,G_1 中 v_1 到 v_4 不可达,v_4 到 v_1 不可达,所以 G_1 是弱连通图;G_2 中任何一对节点之间至少有一个节点到另一个节点是可达的,所以 G_2 是单向连通图(当然它也是弱连通图);G_3 中任何一对节点之间至少有一个节点到另一个节点是可达的,所以 G_3 是强连通图(当然它也是单向连通图和弱

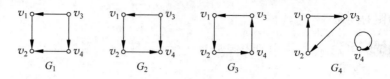

图 6.16　例 6.12 图

连通图)。

解：在图 6.16 中，G_1 是弱连通图，G_2 是单向连通图(当然它也是弱连通图)，G_3 是强连通图(当然它也是单向连通图和弱连通图)，G_4 是非连通的有向图。

定理 6.4　有向图 G 是强连通图的充分必要条件是 G 中存在一条经过所有节点的回路。

定义 6.14　在有向图 $G=<V,E>$ 中，设 G' 是 G 的子图，如果

(1) G' 是强连通的(单向连通的、弱连通的)。

(2) 对任意 $G''\subseteq G$，若 $G'\subset G''$，则 G'' 不是强连通的(单向连通的、弱连通的)。

那么称 G' 为 G 的强连通分支(单向连通分支、弱连通分支)，或称为强分图(单向分图、弱分图)。

注意：(1) 如果不考虑边的方向，弱连通分支对应相应无向图的连通分支。

(2) 注意把握(强、单向、弱)连通分支的极大性特点，即任意增加一个节点或一条边就不是(强、单向、弱)连通的了。

6.1.9　无向图的遍历

通路遍历过的边的数目为通路的长度。如果通路长度为 0，则称之为平凡通路。两节点 u、v 间的路可能不止一条，将其中的最短的路称为 u、v 间的距离。如果一条通路 W 上有 $k+1$ 个节点，即 $W: u=v_0,v_1,v_2,\cdots,v_k=v,k\geq0$，则由于 W 上的边是由 W 上相邻节点 $(v_i,v_{i+1})(i=0,1,\cdots,k-1)$ 构成的，因此 W 上有 k 条边，即 W 的长度为 k。如果一条环 C 上有 $k+1$ 个节点，即 $C: v_0,v_1,v_2,\cdots,v_k,v_0,k\geq0$，则由于 C 上的边是由 C 上相邻节点 $(v_i,v_{i+1})(i=0,1,\cdots,k-1)$ 以及 (v_k,v_0) 构成，因此 C 上有 $k+1$ 条边，即 C 的长度为 $k+1$。

定理 6.5　如果图 G 上存在一条 $u-v$ 通路，则必然存在一条 $u-v$ 路；如果 G 上存在一条闭通路，则必然存在一条回路(环)。

无向赋权图的最短通路：在赋权图中，边的权也称为边的长度，一条通路的长度指的就是这条通路上各边的长度之和。从节点 v_i 到 v_j 的长度最小的通路，称为 v_i 到 v_j 的最短通路。

求简单无向赋权图 $G=<V,E>$ 中从节点 v_1 到 v_n 的最短通路的算法是 Dijkstra 算法，由 Dijkstra 于 1959 年提出，其基本思想是：将节点集合 V 分为两部分，一部分称为具有 P(永久性)标号的集合，另一部分称为具有 T(暂时性)标号的集合。所谓节点 v 的 P 标号是指从 v_1 到 v 的最短通路的长度；而节点 u 的 T 标号是指从 v_1 到 u 的某条通路的长度。首先将 v_1 取为 P 标号，其余节点为 T 标号，然后逐步将具有 T 标号的节点改为 P 标号。

当节点 v_n 也被改为 P 标号时,则找到了从 v_1 到 v_n 的一条最短通路。

Dijkstra 算法

(1) 初始化:将 v_1 置为 P 标号,$d(v_1)=0$,$P=\{v_1\}$,$v_i\in V$,$i\neq 1$,置 v_i 为 T 标号,即 $T=V-P$ 且

$$d(v_1)=\begin{cases} w(v_1,v_i), & (v_1,v_i)\in E \\ \infty, & (v_1,v_i)\notin E \end{cases}$$

(2) 找最小:寻找具有最小值的 T 标号的节点。若为 v_k,则将 v_k 的 T 标号改为 P 标号,且 $P=P\bigcup\{v_k\}$,$T=T-\{v_k\}$。

(3) 修改:修改与 v_k 相邻节点的 T 标号值。

$$v_i\in V,d(v_i)=\begin{cases} d(v_k)+w(v_k,v_i), & d(v_k)+w(v_k,v_i)<d(v_i) \\ d(v_i), & d(v_k)+w(v_k,v_i)\geqslant d(v_i) \end{cases}$$

重复(2)和(3),直到 v_n 改为 P 标号为止。

说明:当 v_n 归入 P 而正好 $P=V$ 时,不仅求出了从 v_1 到 v_n 的最短通路,而且实际上求出了从 v_1 到所有节点的最短通路。

上述算法的正确性是显然的。因为在每一步,设 P 中每一节点的标号是从 v_1 到该节点的最短通路的长度(开始时,$P=\{v_1\}$,$d(v_1)=0$,这个假设是正确的),所以只要证明上述 $d(v_i)$ 是从 v_1 到 v_i 的最短通路的长度即可。事实上,对于任何一条从 v_1 到 v_i 的通路,若通过 T 的第一个节点是 v_p,而 $v_p\neq v_i$ 的话,由于所有边的长度非负,则这种通路的长度不会比 $d(v_i)$ 小。

输入:一个带权图 G,G 的任意两个节点间有路径存在,G 中任意边 (v,x) 的权值 $w(v,x)>0$;节点 a 与 z。

输出:$L(z)$,从节点 a 到 z 的最短路径长度。

(1) Procedure Dijkstra(G)
(2) For 所有节点 x≠a
(3) L(x)=∞; //L(x)表示 a 到 x 的最短路径长度
(4) End For;
(5) L(a) = 0;
(6) T=V(G);
(7) S=∅;
(8) While(z∈T)
(9) 从 T 中找出具有最小 L(v) 的节点 v;
(10) For 所有与 v 相邻的节点 x∈T
(11) L(x)=min{L(x),L(v)+w(v,x)}
(12) End For;
(13) T=T-{v};
(14) S=S∪{v};
(15) End While;

（16）End Procedure。

例 6.13 试求图 6.17 中从 v_1 到 v_6 的最短通路。

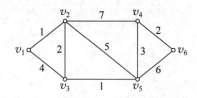

图 6.17 例 6.13 图

根据 Dijkstra 算法，有如图 6.18 所示的求解过程。故 v_1 到 v_6 的最短通路为 $v_1 v_2 v_3 v_5 v_4 v_6$，其长度为 9。实际上也求出了 v_1 到所有节点的最短通路，如 v_1 到 v_5 的最短通路为 $v_1 v_2 v_3 v_5$，其长度为 4 等。

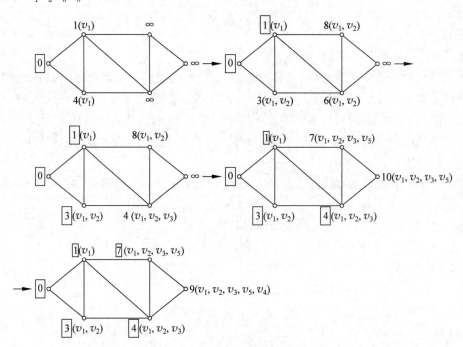

图 6.18 例 6.13 最短通路图

6.2 树

树是图论中一个非常重要的概念，在计算机科学中有广泛的应用，例如现代计算机操作系统均采用树形结构来组织文件和文件夹。本节介绍树的基本知识和应用。

6.2.1 无向树的定义

定义 6.15 连通而不含回路的无向图称为无向树，简称树，常用 T 表示树。

（1）树中度为 1 的节点称为叶，度大于 1 的节点称为分支点或内部节点。

（2）每个连通分支都是树的无向图,称为森林。

（3）平凡图称为平凡树。

（4）树中没有环和平行边,因此一定是简单图。

（5）在任何非平凡树中,都无度为 0 的节点。

例 6.14　判断图 6.19 中的图 G_1、G_2、G_3 和 G_4 哪些是树? 为什么?

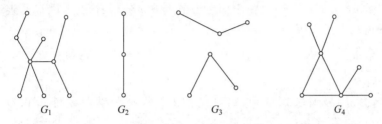

图 6.19　例 6.14 图

分析:判断无向图是不是树,根据定义 6.15,首先看它是否连通,然后看它是否有回路。

解:图 G_1、G_2 都是连通图,且不含回路,是树;

图 G_3 不是连通图,所以不是树,但不含回路,所以是森林;

图 G_4 是连通图,但存在回路,不是树。

定理 6.6　设无向图 $G=<V,E>$,$|V|=n$,$|E|=m$,下列各命题是等价的。

（1）G 连通而不含回路(即 G 是树)。

（2）G 中无回路,且 $m=n-1$。

（3）G 是连通的,且 $m=n-1$。

（4）G 中无回路,但在 G 中任意两个节点之间增加一条新边,就得到唯一的一条基本回路。

（5）G 是连通的,但删除 G 中任意条边后,G 便不连通($n\geqslant2$)。

（6）G 中每一对节点之间只有一条基本通路($n\geqslant2$)。

直接证明这 6 个命题两两等价工作量太大,一般采用循环论证的方法,即证明(1)⇒(2)⇒(3)⇒(4)⇒(5)⇒(6)⇒(1),然后利用传递性,得到结论。

证明(1)⇒(2)

对 n 作归纳。$n=1$ 时,$m=0$,有 $m=n-1$。假设 $n=k$ 时命题成立,现证 $n=k+1$ 时也成立。

由于 G 连通而无回路,所以 G 中至少有一个度为 1 的节点 v_0;在 G 中删去 v_0 及其关联的边,便得到 k 个节点的连通而无回路的图,由归纳假设知它有 $k-1$ 条边;再将节点 v_0 及其关联的边加回得到原图 G,所以 G 中含有 $k+1$ 个节点和 k 条边,满足公式 $m=n-1$。

所以,G 中无回路,且 $m=n-1$。

证明(2)⇒(3)

设 G 有 k 个连通分支 $G_1,G_2,\cdots,G_k$,其节点数分别为 $n_1,n_2,\cdots,n_k$,边数分别为 $m_1,m_2,\cdots,m_k$,且 $n=\sum_{i=1}^{k}n_i$,$m=\sum_{i=1}^{k}m_i$。由于 G 中无回路,所以每个 $G_i(i=1,2,\cdots,k)$ 均为

树，因此 $m_i = n_i - 1 (i = 1, 2, \cdots, k)$，于是 $m = \sum_{i=1}^{k} m_i = \sum_{i=1}^{k} (n_{i-1}) = n - k = n - 1$，故 $k = 1$，所以 G 是连通的，且 $m = n - 1$。

证明（3）$\Rightarrow$（4）

首先证明 G 中无回路。对 n 作归纳，$n = 1$ 时，$m = n - 1 = 0$，显然无回路。

假设节点数 $n = k - 1$ 时无回路，下面考虑节点数 $n = k$ 的情况。因 G 是连通的，故 G 中每一个节点的度均大于或等于 1。可以证明至少有一个节点 v_0，使得 $\deg(v_0) = 1$，若 k 个节点的度都大于或等于 2，则 $2m = \sum_{v \in V} \deg(v) \geqslant 2k$，从而 $m \geqslant k$，即至少有 k 条边，但这与 $m = n - 1$ 矛盾。

在 G 中删去 v_0 及其关联的边，得到新图 G'，根据归纳假设可知 G' 无回路。由于 $\deg(v_0) = 1$，所以再将节点 v_0 及其关联的边加回得到原图 G，则 G 也无回路。

其次证明在 G 中任意两个节点 v_i、v_j 之间增加一条边 (v_i, v_j)，仅得到一条基本回路。

由于 G 是连通的，从 v_i 到 v_j 有一条通路 L，再在 L 中增加一条边 (v_i, v_j)，就构成一条回路。若此回路不是唯一和基本的，则删去此新边，G 中必有回路，与原命题矛盾。

证明（4）$\Rightarrow$（5）

若 G 不连通，则存在两节点 v_i 和 v_j，v_i 和 v_j 之间无通路。若增加边 (v_i, v_j)，不会产生回路，但这与题设矛盾。

因为 G 无回路，所以删去任意边，图便不连通。

证明（5）$\Rightarrow$（6）

由于 G 是连通的，因此 G 中任意两个节点之间都有通路，于是有一条基本通路。若此基本通路不唯一，则 G 中含有回路，删去回路上的一条边，G 仍连通，这与题设不符。所以此基本通路是唯一的。

证明（6）$\Rightarrow$（1）

显然 G 是连通的。若 G 中含回路，则回路上任意两个节点之间有两条基本通路，这与题设矛盾。因此，G 连通且不含回路。

6.2.2　根树的定义

定义 6.16　　一个有向图，若略去所有有向边的方向所得到的无向图是一棵树，则这个有向图称为有向树（directed tree）。

例 6.15　判断图 6.20 中的图 $G_1 \sim G_5$ 哪些是树？为什么？

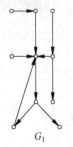 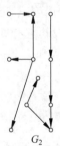 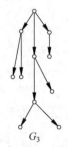 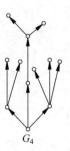 

$\quad G_1 \qquad\qquad G_2 \qquad\qquad G_3 \qquad\qquad G_4 \qquad\qquad G_5$

图 6.20　例 6.15 图

解：根据定义 6.16 判定 G_1、G_2 和 G_5 不是树，G_3、G_4 是树。

定义 6.17 一棵非平凡的有向树，如果恰有一个节点的入度为 0，其余所有节点的入度均为 1，则称为根树或外向树。入度为 0 的节点称为根；出度为 0 的节点称为叶；入度为 1，出度大于 0 的节点称为内点；内点和根统称为分支点。在根树中，从根到任意节点 v 的通路长度称为该节点的层数；层数相同的节点在同一层上；所有节点的层数中最大的称为根树的高。

在画根树时，常常将根画在顶部，所在层次为 0，其下节点在下一层，层次为 1，以此类推。根树的最大层次数就是树的高度。

如果约定有序树的每一个分支点的子节点放在它的下面，则有向边的箭头可以省略。

例 6.16 判断图 6.21 所示的图 G 是不是根树？若是根树，给出其根、叶和内点，计算所有节点所在的层数和高。

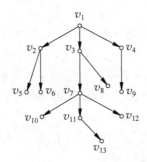

图 6.21 例 6.16 图 G

解：图 G 是一棵根树，其中 v_1 为根，v_5、v_6、v_8、v_9、v_{10}、v_{12}、v_{13} 为叶，v_2、v_3、v_4、v_7、v_{11} 为内点。v_1 处在第零层，层数为 0；v_2、v_3、v_4 同处在第一层，层数为 1；v_5、v_6、v_7、v_8、v_9 同处在第二层，层数为 2；v_{10}、v_{11}、v_{12} 同处在第三层，层数为 3；v_{13} 处在第四层，层数为 4；这棵树的高为 4。

定义 6.18 在根树中，若从节点 v_i 到 v_j 可达，则称 v_i 是 v_j 的祖先，v_j 是 v_i 的后代；又若 $<v_i,v_j>$ 是根树中的有向边，则称 v_i 是 v_j 的父亲，v_j 是 v_i 的儿子；如果两个节点是同一个节点的儿子，则称这两个节点是兄弟。

定义 6.19 如果在根树中规定了每一层上节点的次序，这样的根树称为有序树。

一般地，有序树同一层中节点的次序为从左至右。有时也可以用边的次序来代替节点的次序。

定义 6.20 在根树 T 中，若每个分支点至多有 k 个儿子，则称 T 为 k 元树；若每个分支点都恰有 k 个儿子，则称 T 为 k 元完全树；若 k 元树 T 是有序的，则称 T 为 k 元有序树；若 k 元完全树 T 是有序的，则称 T 为 k 元有序完全树。

定义 6.21 在根树 T 中，任意节点 v 及其所有后代导出的子图 T' 称为 T 的以 v 为根的子树。当然，T' 也可以有自己的子树。

二元有序树的每个节点 v 至多有两个儿子，分别称为 v 的左儿子和右儿子。二元有序树的每个节点 v 至多有两棵子树，分别称为 v 的左子树和右子树。

注意区分以 v 为根的子树和 v 的左(右)子树,以 v 为根的子树包含 v,而 v 的左(右)子树不包含 v。

例 6.17　判断图 6.22 所示的 4 棵根树是什么树?

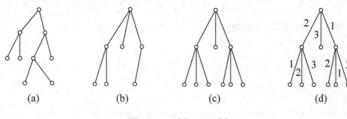

图 6.22　例 6.17 树

解:图 6.22(a)为 2 元完全树,图 6.22(b)为 3 元树,图 6.22(c)为 3 元完全树,图 6.22(d)为 3 元有序完全树。

定理 6.7　在 k 元完全树中,若叶数为 t,分支点数为 i,则有

$$(k-1) \times i = t - 1$$

证明:由假设知该树有 $i+t$ 个节点。由定理 6.6 可知,该树的边数为 $i+t-1$。由握手定理可知,所有节点的出度之和等于边数。而根据 k 元完全树的定义,所有分支点的出度为 $k \times i$。因此有 $k \times i = i+t-1$,即 $(k-1) \times i = t-1$。

例 6.18　假设有一台计算机,它有一条加法指令,可计算 3 个数的和。如果要求计算 $x_1 \sim x_9$ 之和,问至少要执行几次加法指令?

解:用 3 个节点表示 3 个数,将表示 3 个数之和的节点作为它们的父节点。这样本例可理解为求一个三元完全树的分支点问题。把 9 个数看成叶,由定理 6.7 可知,有 $(3-1)i=9-1$,得 $i=4$。所以至少要执行 4 次加法指令,如图 6.23 所示。

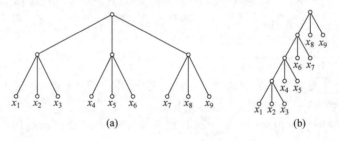

图 6.23　例 6.18 树

6.2.3　树的遍历

树的遍历通常是指按照某种方式访问树的所有顶点,是许多树的算法基础。树作为一种数据结构在程序设计中被广泛应用,因此,树的遍历算法是计算机类专业的学生必须掌握的基础知识。在离散数学课程中只介绍算法的基本思想,在数据结构课程中则需要集合树的各种存储方法使用递归算法或非递归算法实现树的遍历。

对于根树,一个十分重要的问题是要找到一些方法,能系统地访问树的节点,使得每个节点恰好被访问一次,这就是根树的遍历问题。

k 元树中,应用最广泛的是二叉树,因为二叉树在计算机中最易处理。下面先介绍二叉树的 3 种常用的遍历方法,然后再介绍如何将任意根树转化为二叉树。

(1) 二叉树的先根次序遍历算法。

① 访问根;

② 按先根次序遍历根的左子树;

③ 按先根次序遍历根的右子树。

(2) 二叉树的中根次序遍历算法。

① 按中根次序遍历根的左子树;

② 访问根;

③ 按中根次序遍历根的右子树。

(3) 二叉树的后根次序遍历算法。

① 按后根次序遍历根的左子树;

② 按后根次序遍历根的右子树;

③ 访问根。

例 6.19 写出用三种遍历方法对图 6.24 所示二叉树遍历的结果。

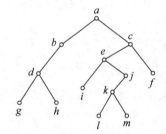

图 6.24 例 6.19 树

分析:按遍历方法容易写出,只要先将该树分解为根、左子树、右子树三部分,然后再分解子树,直到叶为止。

解:先根遍历次序为 $abdghceijklmf$;

中根遍历次序为 $gdhbaielkmjcf$;

后根遍历次序为 $ghdbilmkjefca$。

(4) 根树转化为二叉树算法:

① 从根开始,保留每个父亲同其最左边儿子的连线,撤销与别的儿子的连线。

② 兄弟间用从左向右的有向边连接。

③ 按如下方法确定二叉树中节点的左儿子和右儿子:直接位于给定节点下面的节点,作为左儿子,对于同一水平线上与给定节点右邻的节点,作为右儿子,依此类推。

转化的要点:弟弟变右儿子。

例 6.20 将图 6.25 中的树转化为一棵二叉树。

解:转化后二叉树如图 6.26 所示。

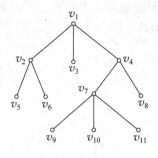

图 6.25　例 6.20 树

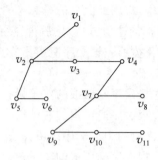

图 6.26　二叉树

6.3　带权图及其应用

可以给图的边或顶点赋权,更丰富地表达事物之间的联系。许多实际应用问题需要用带权图进行建模,例如,交通道路的建模可能需要用道路长度作为边的权,通信线路可以用带宽作为边的权等。本节主要讨论在实际应用中经常会遇到的带权图最短距离问题、最小生成树问题和哈夫曼树。

6.3.1　带权图的最短距离

定义 6.22　设图 $G = <V, E>$ 是简单有向图,且 $V = \{v_1, v_2, \cdots, v_n\}$,如果给每一条有向边 $e = \{v_i, v_j\}$ 赋一个非负实数作为边的权,则称 G 为带权有向图,通常用 w_{ij} 表示边 $e = \{v_i, v_j\}$ 的权。

例 6.21　假设有 5 个信息中心 A、B、C、D、E,它们之间的距离(以百公里为单位),如图 6.27 所示。若信息中心之间要交换数据,可以在任意两个信息中心之间通过光纤连接,但是由于费用有限,因此铺设光纤线路要尽可能少。要求每个信息中心能和其他中心通信,但并不需要在任意两个中心之间都铺设线路,可以通过其他中心转发。

分析:这实际上就是求赋权连通图的最小生成树问题,可用 Kruskal 算法求解。

解:求得图的最小生成树如图 6.28 所示,$w_{(T)} = 15$(百公里)。即按图 6.28 所示铺设,可使铺设的线路最短。

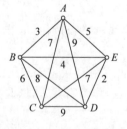

图 6.27　信息中心距离图

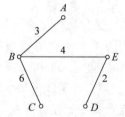

图 6.28　最小生成树

6.3.2 带权图的最小生成树

定义 6.23 设图 $G=<V,E>$ 是连通无向图(不一定是简单图),若 $T=<V,E'>$ 是 G 的生成子图且是无向树,则称 T 是 G 的生成树。T 上的边称为树枝或枝,不在 T 上的 G 中的边称为弦。

例 6.22 判断图 6.29 中的图 G_2、G_3、G_4 和 G_5 是不是图 G_1 的生成树。

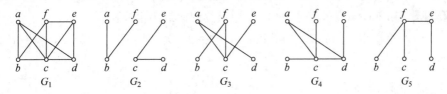

图 6.29 例 6.22 树

分析:判断是不是生成树,根据定义 6.23,首先看它是不是树,然后再看它是不是生成子图。由于图 G_2 和 G_4 不是树,图 G_5 不是生成子图,因此它们都不是图 G_1 的生成树;图 G_3 既是树,又是生成子图,所以是生成树。

解: 图 G_2、G_4 和 G_5 不是图 G_1 的生成树,图 G_3 是图 G_1 的生成树,其中边 (a,c)、(a,d)、(b,f)、(c,f)、(c,e) 是树枝,而 (a,b)、(b,c)、(c,d)、(d,e)、(e,f) 是弦。

定理 6.8 G 是连通图当且仅当 G 中存在生成树。

图 $G=<V,E>$ 存在生成树 $T_G=<V,E_T>$ 的充分必要条件是 G 是连通的。

分析:必要性由树的定义可证,充分性可利用构造性方法,具体找出一颗生成树即可得证。

证明:

必要性:假设 $T_G=<V,E_T>$ 是 $G=<V,E>$ 的生成树,由定义 6.15 可知,T_G 是连通的,于是 G 也是连通的。

充分性:假设 $G=<V,E>$ 是连通的,如果 G 中无回路,则 G 本身就是生成树;如果 G 中存在回路 C_1,可删除 C_1 中一条边得到图 G_1,它仍连通且与 G 有相同的节点集;如果 G_1 中无回路,G_1 就是生成树;如果 G_1 仍存在回路 C_2,可删除 C_2 中一条边,如此继续,直到得到一个无回路的连通图 H 为止。因此,H 是 G 的生成树。

定理 6.9(凯莱定理) n 个节点的标号完全图 K_n,其生成树的数目为 n^{n-2} 棵。

若 T 是 G 的生成树,则 T 的权值 $w(T)$ 是 T 的所有边的权值之和,即

$$w(T) = \sum_{e \in E(T)} w_e$$

G 的所有生成树中,权值最小的称为最小生成树。

Kruskal 算法

设 $G=(V,E,W)$ 是有 n 个节点的带权连通简单图。

(1) 从 G 中选取一边 e_1,使 $w(e_1)$ 最小。令 $E_1=\{e_1\}$,$1 \rightarrow i$。

(2) 若已选 $E_i=\{e_1,e_2,\cdots,e_i\}$,则从 $E-E_i$ 中选取一边 e_{i+1},满足:

① $E_i \bigcup \{e_i+1\}$ 不含有环；

② 在 $E-E_i$ 满足①的所有边中，$w(e_{i+1})$ 最小。

（3）若 e_{i+1} 存在，则令 $E_{i+1}=E_i \bigcup \{e_{i+1}\}$，$i+1 \rightarrow i$，转（2）；若 e_{i+1} 不存在，则终止算法。此时 E_i 导出的子图就是所求的最小生成树，记为 T^*。

根据定理 6.9 的 Kruskal 算法所得到的图 T^* 是 G 的最小生成树。

注意：一个无向图的生成树不唯一，一个赋权图的最小生成树也不一定唯一。

例 6.23　用 Kruskal 算法求图 6.30 中赋权图的最小生成树。

解：$n=12$，根据 Kruskal 算法，要执行 $n-1=11$ 次，则 $w(T)=36$。该赋权图的最小生成树如图 6.31 所示。

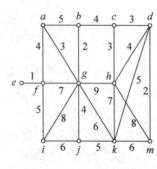

图 6.30　赋权图

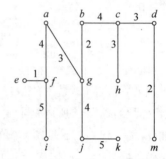

图 6.31　最小生成树

Prim 算法

（1）在 G 中任意选取一个节点 v_1，令 $V_T=\{v_1\}$，$E_T=\varnothing$，$k=1$；

（2）在 $V-V_T$ 中选取与某个 $v_i \in V_T$ 邻接的节点 v_j，使得边 (v_i, v_j) 的权最小，令 $V_T=V_T \bigcup \{v_j\}$，$E_T=E_T \bigcup \{(v_i, v_j)\}$，$k=k+1$；

（3）重复步骤（2），直到 $k=|V|$。

在 Prim 算法的步骤（2）中，若满足条件的最小权边不止一条，则可从中任选一条，这样就会产生不同的最小生成树。

例 6.24　用 Prim 算法求图中赋权图的最小生成树。

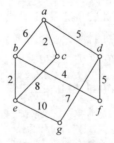

图 6.32　赋权图

解：在图 6.32 所示赋权图中从节点 a 开始，选择具有最小权值的边 (a,c)；选取邻接节点 c，选择最小权值的边 (a,d)；选取邻接节点 d，选择最小权值的边 (d,f)；选取邻接节

点 f,选择最小权值的边 (f,b);选取邻接节点 b,选择最小权值的边 (b,e);选取邻接节
点 e,选择最小权值的边 (d,g),构造最小生成树的过程和形成的最小生成树如图 6.33
所示。

循 环	选 择	边	权 值
1	(a,c)	(a,b)	6
		(a,c)	2
		(a,d)	5
2	(a,d)	(a,b)	6
		(a,d)	5
		(c,e)	8
3	(d,f)	(a,b)	6
		(c,e)	8
		(d,f)	5
		(d,g)	7
4	(f,b)	(a,b)	6
		(c,e)	8
		(d,g)	7
		(f,b)	4
5	(b,e)	(a,b)	6
		(c,e)	8
		(d,g)	7
		(b,e)	2
6	(d,g)	(c,e)	8
		(d,g)	7
		(e,g)	10

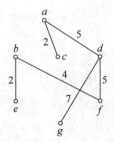

图 6.33 最小生成树

注意:由 Prim 算法可以看出,每一步得到的图一定是树,故不需要验证是否有回路,因
此 Prim 算法的计算工作量较 Kruskal 算法要小。

6.3.3　哈夫曼树

定理 6.10　某完全 m 分树的叶子节点数为 t,分支节点数为 i,则 $(m-1)i=t-1$。

哈夫曼算法思路:

设 t 个权 $w_1,w_2,\cdots,w_t$,且 $w_1\leqslant w_2\leqslant\cdots\leqslant w_t$。

(1) 构造 t 棵树,每棵树是一个节点,分别带权 $w_1,w_2,\cdots,w_t$,$i=t$。

(2) 若 $i=1$,算法终止。否则,设现有 i 棵树的根为 $n_1,n_2,\cdots,n_i$,分别带权 $w_1',w_2',\cdots,w_i'$。从 $n_1,n_2,\cdots,n_i$ 中选择权最小的两个节点,设为 n_k 和 n_l,合并以 n_k 和 n_l 为根的两棵树,得到一棵树的二叉树,其中以 n_k、n_l 为根的树分别为左、右子树,根设为 n',n' 带权 $w_k'+w_l'$。

(3) 现有 $i-1$ 棵树,树根分别为 $n_1,n_2,\cdots,n_{k-1},n_{k+1},\cdots,n_{l-1},n_{l+1},\cdots,n_i,n'$,$i=i-1$ 时转至(2)。

按照哈夫曼算法,最终可以得到一棵二叉树,该树被称为最优二叉树,简称最优树,即所得到的二叉树是带权 $w_1,w_2,\cdots,w_t$ 二叉树(每个树叶对应一个权值)T 中,使 $W(T)$ 最小的二叉树。其中 $w(T)=\sum\limits_{i=1}^{t}w_il_i$,$l_i$ 为从根到带权 w_i 的树叶的路的长度。

定义 6.24　设有一棵二叉树,若对其所有的 t 片叶赋以权值 $w_1,w_2,\cdots,w_t$,则称为赋权二叉树;若权为 w_i 的叶的层数为 $l(w_i)$,则称 $w(T)=\sum\limits_{i=1}^{t}w_i\times l(w_i)$ 为该赋权二叉树的权;而在所有赋权 $w_1,w_2,\cdots,w_t$ 的二叉树中,$w(T)$ 最小的二叉树称为最优树。

1952 年,哈夫曼(Huffman)给出了求最优树的方法。该方法的关键是从带权为 $w_1,w_2,w_3,\cdots,w_t$(这里假设 $w_1\leqslant w_2\leqslant\cdots\leqslant w_t$)的最优树 T' 中得到带权为 $w_1,w_2,\cdots,w_t$ 的最优树。

哈夫曼算法:

① 初始:令 $S=\{w_1,w_2,\cdots,w_t\}$;

② 从 S 中取出两个最小的权 w_i 和 w_j,画节点 v_i,带权 w_i,画节点 v_j,带权 w_j。画 v_i 和 v_j 的父亲 v,连接 v_i 和 v,v_j 和 v,令 v 带权 w_i+w_j;

③ 令 $S=(S-\{w_i,w_j\})\bigcup\{w_i+w_j\}$;

④ 判断 S 是否只含一个元素? 若是,则停止,否则转②。

例 6.25　求带权 7、8、9、12、16 的最优树。

解:(1) 选取两个最小的权 7、8,将对应的节点做兄弟,产生一个权为 15 的分支节点,用 15 替换 7 和 8;当前权为 15、9、12、16。

(2) 从当前权中再选取两个最小的权 9、12,将对应的节点做兄弟,产生一个权为 21 的分支节点,用 21 替换 9、12;当前权为 21、15、16。

(3) 再选取两个最小的权 15、16,将对应的节点做兄弟,产生一个权为 31 的分支节点,用 31 替换 15、16;当前权为 31、21。

(4) 选取最后两个节点 21 和 31,产生一个权为 52 的节点。

（5）当前只有权 52，停止循环。最优树如图 6.34 所示。

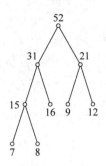

图 6.34 最优树

6.4 特 殊 图

本节介绍平面图、欧拉图和哈密顿三种特殊的图。

6.4.1 平面图

在现实生活中经常需要画一些图形，希望边与边之间尽量少相交，如印制电路板上的导线、大规模集成电路的布线等。另外，城市的地铁线路图也绘制成平面图，任意两条地铁线路的交叉点都是换乘站。

定义 6.25 设图 $G=<V,E>$ 是一个无向图，若能把图 G 在一个平面上画出且它的任意两条边除公共顶点外无任何点交叉，则称这个图为平面图，否则称为非平面图，这种画法称为平面图表示。如图 6.35(a)和图 6.35(b)都是平面图。

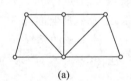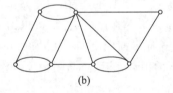

图 6.35 平面图

注意：非连通图称为平面图当且仅当所有连通分量都是平面图。

定义 6.26 设 G 是一个连通平面图，G 的边将 G 所在的平面划分成若干个区域，每个区域称为 G 的一个面，记为 R，其中面积有限的区域称为有限面或内部面，面积无限的区域称为无限面或外部面。由包围面 R 的诸边所构成的回路称为这个面的边界，边界的长度称为该面的次数，记为 $\deg(R)$。

例 6.26 考查图 6.36 所示平面图的面、边界和次数。

解：根据定义 6.26 平面图把平面分成 r_0、r_1、r_2 和 r_3 共 4 个面。

r_0 边界为 $abdeheca$，$\deg(r_0)=7$

r_1 边界为 $abca$，$\deg(r_1)=3$

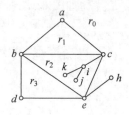

图 6.36　例 6.26 平面图

r_2 边界为 $becb$，$\deg(r_2)=9$

r_3 边界为 $bdeb$，$\deg(r_3)=3$

r_0 是无限面，r_1、r_2 和 r_3 是有限面。

定理 6.11　一个有限平面图 G，所有面的次数之和等于其边数 m 的两倍，即

$$\sum_{i=1}^{r}\deg(R_i)=2m$$

证明：G 中的每条边无论作为两个面的公共边，还是作为一个面的边界，在计算面的总次数时，都被重复计算了两次，所以面的次数之和等于其边数的两倍。

定理 6.12　设 G 是一个连通平面图，共有 n 个顶点、m 条边和 r 个平面，则有 $n-m+r=2$ 成立。该式也称为欧拉公式。

证明：用数学归纳法证明。

当 G 为一个平凡图时，$n=1$，$m=0$，$r=1$，欧拉公式成立。

当 G 有一条边时，分两种情况，一种是由两个顶点和一条关联这两个顶点的边构成。即 $n=2$，$m=1$，$r=1$（它仅有一个无限区域），欧拉公式成立；另一种是由一条自回路构成的图，这时 $n=1$，$m=1$，$r=2$，欧拉公式也成立。

设 G 有 k 条边，现证明对于具有 $k+1$ 条边的连通平面图，欧拉公式也成立。

一个具有 $k+1$ 条边的连通平面图，可以由 k 条边的连通平面图添加一条边构成。在一个含有 k 条边的连通平面图上加一条边时，可能有 3 种不同的情况：

① 加上一个新的顶点，该顶点与图中顶点相连，如图 6.37(a) 所示，此时顶点数和边数都加 1，面数不变，故 $n-m+r=2$。

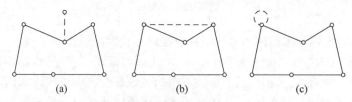

图 6.37　连通平面图

② 把图中的两个顶点相连，如图 6.37(b) 所示，此时顶点数和面数都加 1，顶点数不变，故 $n-m+r=2$。

③ 在图中的某个顶点上增加一个自回路，如图 6.37(c) 所示，此时边数和面数都加 1，顶点数不变，故 $n-m+r=2$。

综上所述,对于连通平面图欧拉公式 $n-m+r=2$ 成立。

定理 6.13　设 G 是一个有 n 个顶点 m 条边的连通简单平面图,若 $n \geqslant 3$,则 $m \leqslant 3n-6$。

证明: 设连通平面图 G 的面数为 r,当 $n=3$、$m=2$ 时,上式成立,除此之外,当 $m \geqslant 3$,则每一面的次数不小于 3,由定理 6.11 知面的次数之和为 $2m$,所以 $2m \geqslant 3r$,或 $r \leqslant \dfrac{2m}{3}$,则 $n-m+r \leqslant n-m+\dfrac{2m}{3}$。把欧拉公式 $n-m+r=2$ 代入,得 $2 \leqslant n-m+\dfrac{2m}{3}$,化简可得 $m \leqslant 3n-6$。

由于每一个连通简单平面图都满足不等式 $m \leqslant 3n-6$,因此该不等式可以作为判断一个图是不是平面图的必要条件。

设图 G 是具有 5 个顶点的无向完全图,称为 K_5 图,如图 6.38(a)所示,由于顶点数 $n=5$,边数 $m=10$,$3n-6=9 < m$,不满足平面图的必要条件,所以 K_5 是非平面图。

不等式 $m \leqslant 3n-6$ 仅是平面图的必要而非充分条件。如图 6.38(b)所示的 $K_{3,3}$ 图,虽然满足不等式 $m \leqslant 3n-6$,但根据例 6.27 可知它却是非平面图。

 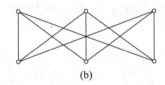

(a)　　　　　　　　　　(b)

图 6.38　连通图

例 6.27　证明 $K_{3,3}$ 图是非平面图。

证明: 由于 $K_{3,3}$ 图是完全二部图,因此每条回路由偶数条边组成,而 $K_{3,3}$ 图又是简单图。所以,若 $K_{3,3}$ 图是平面图,则其每一个面至少由 4 条边围成,即 $2m \geqslant 4r$ 或 $r \leqslant \dfrac{m}{2}$。代入欧拉公式后可得 $2n-4 \geqslant m$。但因为 $K_{3,3}$ 图中 $n=6$、$m=9$,不满足上述不等式,所以 $K_{3,3}$ 图是非平面图。

定理 6.14　设 G 是一个有 n 个顶点、m 条边、r 个面的连通平面图,且 G 的每一个面至少由 $k(k \geqslant 3)$ 条边围成,则 $m \leqslant \dfrac{k(n-2)}{k-2}$。

证明: 因为 $\sum\limits_{i=1}^{r} \deg(R_i) = 2m$,而 $\deg(R_i) \geqslant k (1 \leqslant i \leqslant r)$,故 $2m \geqslant kr$,即 $r \leqslant \dfrac{2m}{k}$,而 $n-m+r=2$。故 $n-m+\dfrac{2m}{k} \geqslant 2$,从而 $m \leqslant \dfrac{k(n-2)}{k-2}$。

例 6.28　证明彼得森图(见图 6.39(a))不是平面图。

证明:

方法 1

彼得森图的每个面至少由 5 条边组成,$k=5$,$m=15$,$n=10$,可知 $m \leqslant \dfrac{k(n-2)}{k-2}$ 不成立,

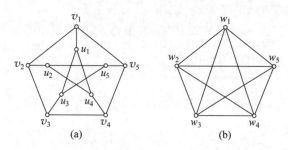

图 6.39　证明彼得森图不是平面图方法 2

根据定理 6.14 可知,彼得森图不是平面图。

方法 2

收缩边 (v_i,u_i) 并用 w_i 代替,$i=1,2,3,4,5$,得到如图 6.39(b)所示的 K_5 图,因此彼得森图不是平面图。

方法 3

找到图 6.39(a)的子图,收缩边 (v_i,u_i) 用 w_i 代替,$i=2,3,4,5$,得到图 6.40(a)、图 6.40(b),即为 $K_{3,3}$ 图,彼得森图不是平面图。

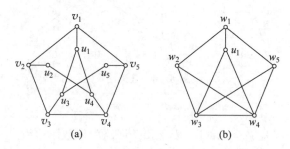

图 6.40　证明彼得森图不是平面图方法 3

常把 K_5 图和 $K_{3,3}$ 图称为库拉托夫斯基图,1930 年,波兰数学家库拉托夫斯基对 K_5 图(顶点数最少的非平面图)和 $K_{3,3}$ 图(边数最少的非平面图)进行充分研究后,揭示了任何非平面图与 K_5 图和 $K_{3,3}$ 图的内在联系,从而给出了判断一个图是不是平面图的充分必要条件,使平面图的研究得到进一步发展。

定义 6.27　若两个图是由同一个图的边上插入或删除度为 2 的顶点后得到的,则称这两个图是在二度顶点内同构。

定理 6.15（库拉托夫斯基定理）　一个图是平面图的充分必要条件是该图不包含 K_5 或 $K_{3,3}$ 在二度顶点内同构的子图。

6.4.2　欧拉图

1736 年,瑞士数学家欧拉发表了图论的第一篇论文《哥尼斯堡的七座桥》。在当时的哥尼斯堡城有一条横贯全市的普雷格尔河,河中的两个岛与两岸用七座桥连接起来。当时那里的居民热衷于一个难题:游人怎样不重复地走遍七桥,最后回到出发点。

为了解决这个问题,欧拉用 A、B、C、D 4 个字母代替陆地,作为 4 个顶点,将联结两块陆地的桥用相应的线段表示,如图 6.41 所示。于是哥尼斯堡七桥问题就变成了"是否存在不重复地经过每一条边而回到原点"的回路问题了。欧拉在论文中指出,这样的回路是不存在的。

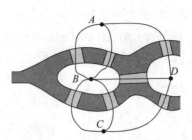

图 6.41 哥尼斯堡七桥问题

定义 6.28 给定无孤立节点图 G,若存在一条回路,经过图中的每边一次且仅一次,该回路称为欧拉回路。具有欧拉回路的图称为欧拉图。若存在一条通路,经过图中每边一次且仅一次,该条路称为欧拉通路。具有欧拉通路的图称为半欧拉图。

定理 6.16 图 G 是欧拉图当且仅当 G 是连通的且每个节点的度为偶数。

推论 6.2 连通图 G 是半欧拉图当且仅当 G 恰有两个奇数度节点,且图中的欧拉通路一定始于一个奇数度节点而止于另一个奇数度节点。

例 6.29 无向图 G 如图 6.42 所示。

(1) 图 G 是否为欧拉图,为什么?

(2) 图 G 是否有欧拉通路?若有,则写出。

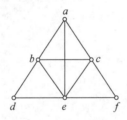

图 6.42 无向图 G

解:(1) 图 G 不是欧拉图,因为节点 a 和 e 的度为奇数。

(2) 图 G 存在欧拉通路,为 $abcebdefcae$。

定义 6.29 给定有向图 G,通过图中每边一次且仅一次的一条有向回路(通路),称作有向欧拉回路(欧拉通路)。如果 G 具有一条欧拉回路(欧拉通路),则称 G 为有向欧拉图(半欧拉图)。

定理 6.17 有向图 G 为欧拉图,当且仅当 G 是弱连通的,并且每个节点的出度与入度相等。有向图 G 为半欧拉图,当且仅当 G 弱连通,并且恰有两个节点的入度与出度不等,它们中一个的出度比入度多 1,另一个入度比出度多 1。

欧拉图的应用比较多,如一笔画问题就是寻找欧拉通路或欧拉回路。下面给出一个有实用价值的问题,即中国邮路问题,这是一个加权图问题。

　　问题的提出:邮递员从邮局出发,走遍投递区域的所有街道,投递完邮件后回到邮局,怎样走可以使所走的路线全程最短?

　　街道路线如果为欧拉图,求欧拉回路即可,否则问题转化为在非欧拉图中,增加平行边,使新图不含奇数度节点,并且增加边的总权值最小。

　　例 6.30　在如图 6.43(a)所示的加权图中,顶点表示邮政道路交叉点,直线表示道路,线上的数字表示道路的长度。问:怎样的走法使邮递员的投递总行程最短?

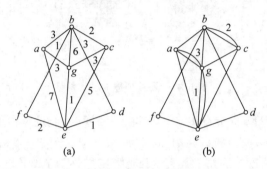

　　　　　　　　(a)　　　　　　　　　　　(b)

图 6.43　例 6.30 图

　　解:在图 6.43(a)中找出每个顶点的度:$a(3)$、$b(5)$、$c(3)$、$d(2)$、$e(5)$、$f(2)$、$g(4)$。有 4 个奇数度顶点,$k=2$。

由 Dijkstra 最短路径算法可得

$d(a,b)=3$

$d(a,c)=d(a,b)+d(b,c)=3+2=5$

$d(a,e)=d(a,g)+d(g,e)=3+1=4$

$d(b,c)=2$

$d(b,e)=d(b,f)+d(f,e)=1+2=3$

$d(c,e)=d(c,g)+d(g,e)=3+1=4$

分对组合可得

$d(a,b)+d(c,e)=7$

$d(a,c)+d(b,e)=8$

$d(a,e)+d(b,c)=6$

最佳匹配为(a,e)、(b,c)。

　　添加边:(a,g)、(g,e)、(b,c)如图 6.43(b)所示,此时图存在欧拉回路但不唯一,总距离一定。

　　求顶点的度:$a(4)$、$b(6)$、$c(4)$、$d(2)$、$e(6)$、$f(2)$、$g(6)$,全为偶数顶点。选 a 作为起点,道路为 $abcgaegbfedbcega$。

　　邮递员一般的投递路线是需要遍历某些特定的街道,理想情况下,邮递员应该走一条欧拉回路,即不重复地走遍图中的每一条边。但有的投递任务需要联系某些特定的收发点,不要求走遍每一条边,只要求不重复地遍历图中的每一个顶点,这就是哈密顿图研究的内容。

6.4.3 哈密顿图

1856 年,哈密顿发明了正十二面体数学游戏。游戏目的是环球旅行,要求寻找一个环游路线,使得:沿正十二面体的棱,从一个"城市"出发,经过每个城市恰好一次,最后回到原出发点,并且经过的棱不许重复,即找一条经过所有顶点(城市)的基本道路(回路),如图 6.44 所示。

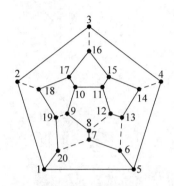

图 6.44 哈密顿游戏

用图的语言即为:给定一个图 G,G 是否有哈密顿圈。

通过图 G 的每个节点仅一次的通路(回路),就是哈密顿通路(回路)。存在哈密顿回路的图就是哈密顿图。

定义 6.30 给定图 G,若存在一条路经过图中的每一个节点恰好一次,这条路称作哈密顿路。若存在一条回路,经过图中的每一个节点恰好一次,这个回路称作哈密顿回路。具有哈密顿路的图称为半哈密顿图,具有哈密顿回路的图称为哈密顿图。

在图 6.45 中,(a)、(b)中存在哈密顿回路,是哈密顿图;(c)存在哈密顿通路,但不存在哈密顿回路,是半哈密顿图;(d)中既无哈密顿回路,也无哈密顿通路,不是哈密顿图。

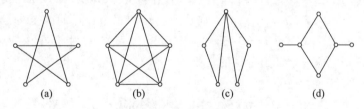

图 6.45 判断哈密顿图

定理 6.18 若 G 是哈密顿图,则对于任意非空真子集 $S \subseteq V(G)$,均有 $w(G-S) \leqslant |S|$,其中,$w(G-S)$ 为从 G 中去掉 S 中的节点及与这些节点关联的边后所得新图的分图数目。

证明:

设 C 为 G 中的一条哈密顿回路。

(1) 若 S 中的顶点在 C 上彼此相邻,则 $w(C-S)=1 \leqslant |S|$。

(2) 设 S 中的顶点在 C 上共有 $r(2 \leqslant r \leqslant |S|)$ 个,且互不相邻,则 $w(C-S)=r \leqslant |S|$。

一般来说,S 中的顶点在 C 上既有相邻的顶点,又有不相邻的顶点,因而总有 $w(G-S)\leqslant|S|$。又因为 C 是 G 的生成子图,故 $w(G-S)\leqslant w(C-S)\leqslant|S|$。

利用定理 6.18 可以判定有些图不是哈密顿图。

例 6.31　判定图 6.46(a)是否为哈密顿图。

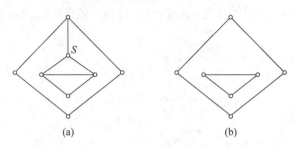

图 6.46　例 6.31 图

解:设图 6.46(a)为 G,取 $S=\{s\}$,则 $w(G-S)=2>|S|=1$,$G-S$ 如图 6.46(b)所示,由定理 6.18 可知,G 不是哈密顿图。

定理 6.19　设图 G 为 n 阶图。

(1) 若 G 的每对节点的度之和都不小于 $n-1$,那么 G 中有一条哈密顿通路;

(2) 若 G 的每对不相邻的节点的度之和不小于 n,且 $n\geqslant3$,那么 G 为哈密顿图。

推论 6.3　若图 G 的阶 $n\geqslant3$,且任意节点 v 的度 $\deg(v)\geqslant n$,则 G 是哈密顿图。

定理 6.19 和推论 6.3 给出的是充分条件,而不是存在哈密顿通路和哈密顿回路的必要条件。

例 6.32　考虑在 7 天内每天安排一门课程的考试,要求同一位教师负责的两门课程考试不安排在相邻的 2 天里,且一位教师最多负责 4 门课程考试。问:能否安排?

解:可以安排。

设每门考试用 1 个顶点表示,若 2 门考试不是同一位教师负责的,则在相应的 2 个顶点间连一条边,这样得到含有 7 个顶点的无向图 G。G 的每个顶点的度至少是 3,因此,G 的任意 2 点的度之和大于或等于 $7-1=6$,根据定理 6.19 可知,G 中存在一条哈密顿通路,这条哈密顿通路正好对应一个 7 门考试的安排。

6.5　例 题 解 析

例 6.33　已知图 G 中有 10 条边,4 个 3 度节点,其余节点的度均小于或等于 2,问:G 中至少有多少个节点?

解:设 G 中至少有 x 个节点,由握手定理可得 $2\times10\leqslant4\times3+(x-4)\times2\Rightarrow x\geqslant8$,所以 G 中至少有 8 个节点。

例 6.34　设 $V=\{v_1,v_2,\cdots,v_n\}$ 为图 G 的节点集,称 $(d(v_1),d(v_2),\cdots,d(v_n))$ 为 G 的度序列,$(3,3,2,3)$ 和 $(5,2,3,1,4)$ 能成为图 G 的度序列吗?

解:不能。因为 $(3,3,2,3)$ 和 $(5,2,3,1,4)$ 都有奇数个(3 个)奇数度节点,不符合握手定理,所以不能成为图 G 的度序列。

例 6.35 设 G 是 n 阶 $n+1$ 条边的无向图,求证:G 中存在节点 v 且 $\deg(v) \geqslant 3$。

证明:用反证法。假设 G 中不存在度大于或等于 3 的节点,即 G 所有节点的度均小于或等于 2,则根据握手定理有 $2m \leqslant 2n$,其中 m 是边数,则 $m \leqslant n$,这与题设矛盾。所以假设不成立。结论得证。

例 6.36 求证:在有向图中,所有节点的出度之和等于所有节点的入度之和。

证明:在有向图中,任意一条边都有一个始点和一个终点,因此结论成立。

例 6.37 求证:有向图 G 是强连通的当且仅当 G 中有一回路,它至少通过每个节点一次。

证明:先证明充分性,设 $G = <V, E>$ 是强连通图。任取 $u, v \in V$,则 u, v 相互可达,即从 u 到 v 有路径 P_1,从 v 到 u 有路径 P_2。把 P_1 和 P_2 首尾相接可得到一条经过 u、v 的回路 C_1。

若 C_1 经过图 G 中所有节点至少一次,则 C_1 就是满足结论要求的回路。若 C_1 没有经过节点 v,则可得到一条经过 u、w 的回路 C_2。从 C_1 和 C_2 我们可得到一条经过更多节点的回路 C_3(先从 u 经过 P_1 到 v,再从 v 经过 C_2 回到 v,再从 v 经过 P_2 回到 u)。

对 C_3 重复上述过程,直到得到一条经过所有节点的回路为止。

再证明必要性,若图 G 中存在一条经过图 G 中所有节点至少一次的回路,则 G 中任意两个节点是相互可达的,从而 G 是强连通的。

例 6.38 求证:在任何人数大于或等于 2 的组内,存在两人,他们在组内有相同个数的朋友。

证明:将每人对应成相应的节点,若两人是朋友,则在对应的两个节点间连一条无向边,得到一个简单无向图,则原命题相当于在无向图中一定存在两个节点的度相等。

设该简单无向图中有 n 个节点,则图中 n 个节点的度只能为 $0 \sim n-1$。若图中有两个或两个以上的节点度为 0,则结论显然成立。否则所有节点的度都大于或等于 1。现用反证法证明该无向图中一定存在两个节点的度相等。

假设该简单无向图中 n 个节点中任何一对节点的度都不相等,但每个节点的度只能是 $1 \sim n-1$ 其中之一,产生矛盾。因此该无向图中一定存在两个节点的度相等。

所以证明任何人数大于或等于 2 的组内,存在两人,他们在组内有相同个数的朋友。

例 6.39 n 阶非连通的简单图的边数最多可为多少?最少呢?

解:方法一,

设 $G = (V, E)$ 是 n 阶不连通简单无向图。令 V_1 是 G 的一个连通分支的节点集,$k = |V_1| (k \geqslant 1)$,$V_2 = V - V_1$,则 $V_2 \neq \varnothing$,$|V_2| = |V| - |V_1| = n - k \geqslant 1$。

V_1 的节点与 V_2 的节点之间互不连通,即 G 的边关联的节点都是 V_1 的节点或者都是 V_2 的节点,亦即 $E = E(G(V_1)) \cup E(G(V_2))$。要使 G 的边数最大,$G(V_1)$ 和 $G(V_2)$ 都要含尽可能多的边,这时它们都是完全图。

下面证明当 $k = 1$(或 $n-1$)时,$|E|$ 最大。

要使 $|E|$ 最大,k 要尽可能远。当 $k = 1$ 或 $n-1$ 时,$|E|$ 取得最大值。

因此,边数最多的 n 阶不连通的简单图由 K_{n-1} 和 K_1(平凡图)两个连通分支组成,边

数最少的 n 阶不连通的简单图显然是 n 阶零图 N_n，边数为 0。

方法二，

n 阶连通简单图中，K_n 的边数最多，要破坏 K_n 的连通性，至少要删除关联某个节点的 $n-1$ 条边，所得图由 K_{n-1} 和一个孤立点 K_1 构成，它的边数为 K_{n-1}。这是 n 阶非连通简单图边数最多的情况。

例 6.40　在一个有 n 个节点的图 $G=(V,E)$ 中，$u,v\in V$。若存在一条从 u 到 v 的通路，则必有一条从 u 到 v 的长度不超过 $n-1$ 的通路。

证明：设 $v_0e_1v_1e_2\cdots e_mv_m$ 是从 $u=v_0$ 到 $v=v_m$ 的长为 m 的通路。

若 $m\leqslant n-1$，则结论成立。

若 $m>n-1$，则 $v_0e_1v_1e_2\cdots e_mv_m$ 中至少有一个节点重复出现。设 $v_i=v_j$ $(0\leqslant i<j\leqslant m)$，从 $v_0e_1v_1e_2\cdots e_mv_m$ 中删去 v_i 到 e_j 这段循环，则新通路 $v_0e_1v_1e_2\cdots v_ie_{j+1}\cdots e_mv_m$ 是长度为 $m-(j-i)$ 从 u 到 v 的通路，且此通路长度比原通路长度至少少 1。

若新通路的长度 $\leqslant n-1$，则结论得证。否则对新通路重复上述过程，可以得到一条从 u 到 v 的长度不超过 $n-1$ 的通路。

例 6.41　一个旅行团共有 14 人，休息时他们想打桥牌，而其中每个人都曾仅与其中的 5 个人合作过。现规定只有 4 个人中任两人都未合作过，才能在一起打一局牌。这样，打了三局就没法再打下去了。这时，来了另一位旅游者，他没有与该旅行团中的任何人合作过。如果他也参加打牌，证明一定可以再打一局牌。

证明：画一个具有 14 个节点的简单图，节点 $v_0\sim v_{13}$ 代表旅行团中的一个人，如果 v_i、v_j 未合作过，则连接一条边 (v_i,v_j)，这样，对于每一个节点 v_i $(i=0,1,2,\cdots,13)$，有 $\deg(v_i)=8$。

每结束一局牌，就要删去两条边，三局牌共删去 6 条边，即使这 6 条边关联不同的 12 个节点，那么至少还有两个节点的度仍为 8。设这两个节点其中之一为 v_p，与 v_p 邻接的 8 个节点中至少有一个节点的度不小于 7，否则，如果这 8 个节点的度均不大于 6，则由于每个节点至少删去 2 条边，至少共删去 12 条边，这与仅删去 6 条边相矛盾。设 v_q 是与 v_p 邻接且度不小于 7，那么 v_q 一定至少与上述 8 个节点中的其余 7 个节点之一邻接，否则，$\deg(v_q)\leqslant 13-7=6$ 矛盾。设 v_r 是与 v_q 邻接的节点，则 v_p、v_q、v_r 组成一个三角形，这表示相应的 3 个人是两两未合作过的，这 3 个人与新来的旅游者（节点 v）一定可以再打一局牌。即 v_p、v_q、v_r 和 v 组成一个 K_4。

例 6.42　求证：若 n 个电话局中任何两个电话局都可以通话，则至少存在 $n-1$ 条直通线路。

证明：设 n 个电话局为 n 个节点，两个节点之间有连线，当且仅当对应的这两个电话局可直通电话。因为任何两个电话局总可以通话（可能中途要通过其他电话局），因此就可构成一个简单的连通图。

可以证明，对于具有 n 个节点的简单连通图 G，至少存在 $n-1$ 条边。用数学归纳法证明，当 $n=2$ 时，图 G 有一条边；当 $n=3$ 时，图 G 至少有两条边。

设 $n=k$ 时，G 至少有 $k-1$ 条边。当增加一个节点 v 时，v 必与 G 中的某个节点邻接，所以具有 $k+1$ 个节点的简单连通图至少有 k 条边。

由归纳法可知结论成立。

例 6.43 求证：$G=(V,E)$ 是有 n 个节点的无向图 $(n>2)$，若对任意 $u,v \in V$，有 $\deg(u)+\deg(v) \geqslant n$，则 G 是连通图。

证明： 用反证法证明。

若 G 不连通，则它可分成两个独立的子图 G_1 和 G_2，其中 $|V(G_1)|+|V(G_2)|-2=n$，且 G_1 中的任意个节点至多只和 G_1 中的节点邻接，而 G_2 中的任意节点至多只和 G_2 中的节点邻接。任取 $u \in V(G_1)$，$v \in V(G_2)$，则 $\deg(u) \leqslant |V(G_1)|-1$，$\deg(v) \leqslant |V(G_2)|-1$。

故 $\deg(u)+\deg(v) \leqslant (|V(G_1)|-1)+(|V(G_2)|-1) \leqslant |V(G_1)|+|V(G_2)|-2 = n-2 < n$，这与已知矛盾。

故 G 是连通图。

例 6.44 图 G 是一个 (n,m) 图，求证：G 是连通图。

证明： 假设 G 不连通，不妨设 G 可分为两个连通分图 G_1 和 G_2，设 G_1、G_2 分别有 n_1、n_2 个节点，则 $n_1+n_2=n$，由于 $n_i \geqslant 1(i=1,2)$，则 $m \leqslant \dfrac{n_1(n_1-1)}{2}+\dfrac{n_2(n_2-1)}{2} \leqslant \dfrac{(n-1)(n_1+n_2-2)}{2} = \dfrac{(n-1)(n-2)}{2}$，与假设矛盾，所以 G 是连通图。

例 6.45 判断图 6.47 所示的有向图 G_1、G_2、G_3 的连通性。

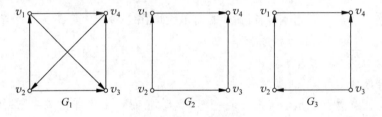

图 6.47 例 6.45 题图 G

解： 根据有向图连通性的定义判断，G_1 是强连通图，G_2 是弱连通图，G_3 是单向连通图。

例 6.46 构造一个无向欧拉图，其节点数 m 和边数 n 满足下述条件：

(1) 偶数个节点，偶数条边；

(2) 奇数个节点，奇数条边；

(3) 偶数个节点，奇数条边；

(4) 奇数个节点，偶数条边。

解： 满足(1)、(2)、(3)、(4)条件的无向欧拉图如图 6.48 所示。

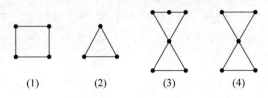

(1)　　　　(2)　　　　(3)　　　　(4)

图 6.48 无向欧拉图

例 6.47　设完全图 $K_n (n \geqslant 3)$ 的节点分别为 $v_1, v_2, \cdots, v_n$。问 K_n 中有多少条不同的哈密顿回路(这里认为,若在回路 C_1、C_2 中,节点的排列顺序不同,就认为 C_1 与 C_2 是不同的回路)。

解: 构造 K_n 中的哈密顿回路的方法如下:依次选取 K_n 中第 1 个节点(有 n 种方法),第 2 个节点(有 $n-1$ 种方法),$\cdots$,第 $n-1$ 个节点(有 2 种方法),第 n 个(最后一个)节点(有 1 种选法);从第 1 个节点出发,沿 K_n 中的边到相继的节点,直到第 n 个节点,然后从第 n 个节点沿 K_n 中的边回到第 1 个节点。这样一共得到 $n!$ 条 K_n 中的哈密顿回路。如果不区分第 1 个节点或说起点(也就是不区分第 n 个节点或终点),那么 K_n 中不同的哈密顿回路有 $\dfrac{n!}{n}(n-1)!$ 条。

例 6.48　某工厂生产由 6 种不同颜色的纱织成的双色布,已知每种颜色至少和其他 5 种颜色中的 3 种搭配,求证可以挑出 3 种双色布,恰好有 6 种不同的颜色。

证明: 用 v_i 表示颜色 $(i=1,2,3,\cdots,6)$,作无向图 $G(V,E)$,其中 $V=\{v_1, v_2, \cdots, v_6\}$,$E=\{(u,v) \mid u,v \in V$ 且 $u \neq v$ 并且 u 与 v 搭配$\}$。令 $\forall u,v \in V, d(u)+d(v) \geqslant 6$,所以 G 是哈密顿图,因而 G 中存在哈密顿回路,假设 $v_1 v_2 v_3 v_4 v_5 v_6 v_1$ 为其中一条,在这条回路上每个节点代表的颜色都能与它相邻节点代表的颜色相搭配,让 v_1 与 v_2、v_3 与 v_4、v_5 与 v_6 搭配,织成 3 种双色布,包含了 6 种颜色。

例 6.49　已知 G 是具有 n 个节点的简单无向图,$n \geqslant 3$。设 G 的每个节点表示一个人,G 的边表示对应节点的人是朋友。

(1) 节点的度可以怎样解释;

(2) G 是连通图可以怎样解释;

(3) 假定任意两人合起来认识其余 $n-2$ 个人,求证 n 个人能排成一排,使中间的人两旁各站着一个他的朋友,而两端的人旁边只站着他的一个朋友;

(4) 证明 $n \geqslant 4$ 时,(3) 中条件保证 n 个人能站成一圈,使每个人的两旁站着自己的朋友。

解: 设 n 个人表示为 $v_1, v_2, \cdots, v_n$,以 $V=\{v_1, v_2, \cdots, v_n\}$ 为节点集,若 v_i 与 v_j 认识,就在代表他们的节点之间连无向边。对于任意的 $v_i, v_j \in V, d(v_i)+d(v_j) \geqslant n-2$。

(1) 节点的度表示节点对应的人所认识的朋友数目。

(2) 任何两个人可以通过朋友的一次或多次介绍而相互认识。

证明: (3) 设 v_i 与 v_j 不相邻,则对任意的 $v_k (k \neq i, k \neq j)$ 必与 v_i 或 v_j 相邻,否则与已知条件矛盾。又因 v_j 与 v_i 不相邻,因而 v_j 与 v_k 必相邻,于是 $d(v_i)+d(v_j) \geqslant n-2+1=n-1$,所以 G 中存在哈密顿通路,于是 (3) 得证。

(4) 同 (3) 的证明类似,当 v_i 与 v_j 不相邻时,对于任意的 $v_k \in V (k \neq i$ 且 $k \neq j)$,由条件知 v_k 必与 v_i 和 v_j 相邻,否则,若 v_k 仅与 v_i 相邻,不与 v_j 相邻,又 v_i 和 v_j 不相邻,v_k 和 v_i 合起来不能保证与其余 $n-2$ 个节点相邻,与条件矛盾。由 v_k 的任意性知,其余 $n-2$ 个节点与 v_i 和 v_j 均相邻,于是 $d(v_i)+d(v_j) \geqslant 2(n-2)=2n-4 \geqslant n$(当 $n \geqslant 4$ 时),所以 G 中存在哈密顿回路,于是 (4) 得证。

本 章 小 结

1. 重点与难点

本章重点：

(1) 各种基本概念；

(2) 握手定理及其推论的应用；

(3) 最小生成树的求法，二元有序树的遍历及其应用；

(4) 平面图的概念及判定，任务分配问题；

(5) 欧拉图的概念及判定，中国邮路问题；

(6) 哈密顿图的概念及判定。

本章难点：

(1) 各种基本概念的熟练掌握；

(2) 握手定理及其推论的应用；

(3) 最小生成树的求法。二元有序树的遍历及其应用；

(4) 平面图的判定及证明；

(5) 欧拉图的判定及证明；

(6) 哈密顿的判定及证明。

2. 思维导图

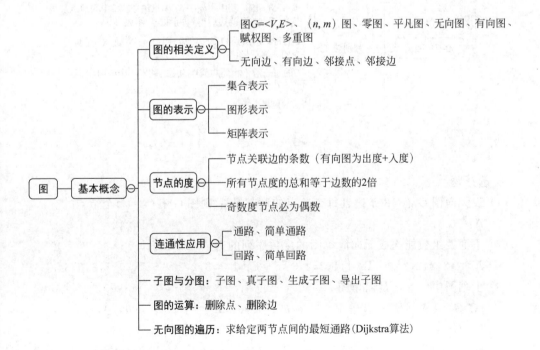

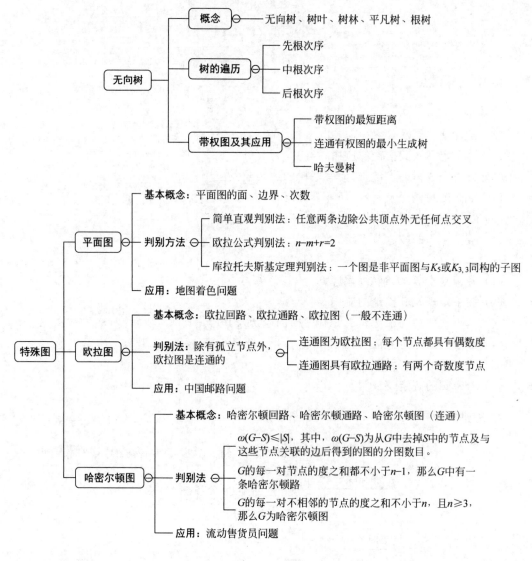

<h1 style="text-align:center">习　　题</h1>

1. 选择题

（1）设无向图 G 有 18 条边且每个节点的度都是 3,则图 G 有（　　）个节点。

　　A. 10　　　　　　　B. 4　　　　　　　C. 8　　　　　　　D. 12

（2）下面四组数能构成无向简单图的度数序列的有（　　）。

　　A. 2,2,2,2,2　　B. 1,1,2,2,3　　C. 1,1,2,2,2　　D. 0,1,3,3,3

（3）下列图中（　　）是简单图。

　　A. $G_1 = (V_1, E_1)$,其中 $V_1 = \{a, b, c, d, e\}$,$E_1 = \{(a, b), (b, e), (e, b), (a, e),$
　　$(d, e)\}$

　　B. $G_2 = (V_2, E_2)$,其中 $V_2 = V_1$,$E_2 = \{(a, b), (b, c), (c, a), (a, d), (d, e)\}$

C. $G_3 = (V_3, E_3)$，其中 $V_3 = V_1$，$E_3 = \{(a,b),(b,e),(e,d),(c,c)\}$

D. $G_4 = (V_4, E_4)$，其中 $V_4 = V_1$，$E_4 = \{(a,a),(a,b),(b,c),(e,c),(e,d)\}$

(4) 如果一个有向图 D 是强连通图，则 D 是欧拉图，这个命题的真值为（　　）。

    A. 真   B. 假   C. 无法判断

(5) 设 G 是一个哈密顿图，则 G 一定是（　　）。

    A. 欧拉图   B. 树   C. 平面图   D. 连通图

(6) （　　）不一定是树。

    A. 无回路的简单连通图   B. 有 n 个节点 $n-1$ 条边的连通图

    C. 每对节点间都有通路的图   D. 连通但删去一条边便不连通的图

(7) 连通图 G 是一棵树当且仅当 G 中（　　）。

    A. 有些边是割边   B. 每条边都是割边

    C. 所有边都不是割边   D. 图中存在一条欧拉回路

(8) 设 G 是一棵树，则 G 的生成树有（　　）棵。

    A. 0   B. 1   C. 2   D. 不能确定

(9) 若一棵完全二叉树有 $2n-1$ 个节点，则它有（　　）片树叶。

    A. n B. $2n$ C. $n-1$ D. 2

(10) 设 G 是有 n 个节点和 m 条边的连通平面图，且有 f 个面，则 f 等于（　　）。

    A. $m-n+2$ B. $n-m-2$ C. $n+m-2$ D. $m+n+2$

2. 填空题

(1) 有 n 个节点的树，其节点度之和是＿＿＿＿＿＿＿＿＿。

(2) 设 $G = (n, m)$，且 G 中每个节点的度不是 k 就是 $k+1$，则 G 中度为 k 的节点的个数是＿＿＿＿＿。

(3) n 阶完全图 K_n 的边数为＿＿＿＿＿。

(4) n 个节点的有向完全图边数是＿＿＿＿＿，每个节点的度是＿＿＿＿＿。

(5) 当 n 为＿＿＿＿＿时，非平凡无向完全图 K_n 是欧拉图。

(6) 一棵树有两个节点的度为 2，一个节点的度为 3，三个节点的度为 4，则它有＿＿＿＿＿个叶节点。

(7) 设有 56 盏灯，拟共用一个电源，则至少需要有六插头的接线板数是＿＿＿＿＿。

(8) 在完全二叉树中，叶节点个数为 nt，则边数 $m = $＿＿＿＿＿。

(9) 若连通平面图 G 有 4 个节点，3 个面，则 G 有＿＿＿＿＿条边。

(10) n 阶完全图 K_n 的点色数 $\chi(K_n) = $＿＿＿＿＿。

3. 解答题

(1) 若 n 阶连通图中恰有 $n-1$ 条边，则图中至少有一个节点的度为 1。

(2) 判断命题"$n(n>2)$ 个节点的完全图都是欧拉图，也都是哈密顿图"是否为真，并指出原因。

(3) 今要将 6 个人分成 3 组（每组 2 个人）去完成 3 项任务。已知每个人至少与其余 5 个人中的 3 个人能互相合作。问：能否使得每组的 2 个人都能相互合作？请说明理由。

(4) 完全图 K_n 可以几笔画出？

（5）设 T 为非平凡树，$\Delta(T) \geqslant k$，证明 T 至少有 k 片树叶。

（6）判断命题"在有 6 个节点和 12 条边的连通简单平面图中，每个面的度均为 3"是否为真，并指出原因。

（7）设 G 是具有 4 个节点的完全图，求：①G 有多少个子图？②G 有多少个生成子图？

（8）已知相关人员 a、b、c、d、e、f、g 有下述事实，a 说英语；b 说英语和西班牙语；c 说英语、意大利语和俄语；d 说日语和西班牙语；e 说德语和意大利语；f 说法语、日语和俄语；g 说法语和德语。试问：上述 7 人是否任意 2 人都能交谈（可借助于其余 5 人组成的译员链）？

4．证明题

（1）设 G 为连通的简单平面图，节点数为 n，面数为 f，求证：

① 若 $n \geqslant 3$，则 $f \leqslant 2n-4$；

② 若 G 中节点最小的度为 4，则 G 中至少有 6 个节点的度小于或等于 5。

（2）求证：在任何有向完全图中，所有节点入度的平方和等于所有节点出度的平方和。

（3）求证：在无向图 G 中，从节点 u 到节点 v 有一条长度为偶数的通路，从节点 u 到节点 v 又有一条长度为奇数的通路，则在 G 中必有一条长度为奇数的回路。

（4）求证：每个节点的度至少为 2 的图必包含一个回路。

5．判断下列命题是否为真。

（1）完全图 $K_n(n \geqslant 3)$ 都是欧拉图；

（2）$n(n \geqslant 2)$ 阶有向完全图都是欧拉图；

（3）完全二分图 $K_r, s(r, s$ 均为非 0 正偶数）都是欧拉图。

6．完全图 $K_n(n \geqslant 1)$ 都是哈密顿图吗？

7．一名青年生活在城市 A，准备假期骑自行车到景点 B、C、D 去旅游，然后回到城市 A。图 6.49 给出了 A、B、C、D 的位置及它们之间的距离（千米）。试确定这名青年旅游的最短路线。

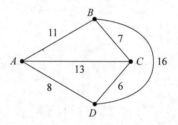

图 6.49　A 城示意图

8．某校的田径选拔赛计划在 7 个时段安排 7 项比赛，要求同一位选手参加的两项比赛不安排在连续两个时段里。请应用图论知识进行论证：如果一位选手至多参加四项比赛，则符合上述要求的赛程安排总是可能的。

9．今有 $2k(k \geqslant 2)$ 个人去完成 k 项任务。已知每个人均能与另外 $2k-1$ 个人中的 k 个人中的任何人组成小组（每组 2 个人）去完成他们共同熟悉的任务。问：这 $2k$ 个人能否分成 k 组（每组 2 人），每组完成一项他们共同熟悉的任务？

参 考 文 献

[1] 方世昌.离散数学[M].3版.西安:西安电子科技大学出版社,2009.

[2] 胡启新,胡元明.离散数学:习题与解析[M].北京:清华大学出版社,2002.

[3] 耿素云,屈婉玲,王捍贫.离散数学教程[M].北京:北京大学出版社,2004.

[4] 邵学才,叶秀明.离散数学[M].北京:机械工业出版社,2004.

[5] 左孝凌,李为鑑,刘永才.离散数学:理论·分析·题解[M].上海:上海科学技术文献出版社,1998.

[6] 邵学才,叶秀明,蒋强荣,等.离散数学[M].4版.北京:机械工业出版社,2011.

[7] ROSEN K H.离散数学及其应用:原书第7版[M].徐六通,杨娟,吴斌,译.北京:机械工业出版社,2015.

[8] 耿素云,屈婉玲,张立昂.离散数学[M].6版.北京:清华大学出版社,2021.

[9] 耿素云,屈婉玲,张立昂.离散数学题解[M].6版.北京:清华大学出版社,2021.

[10] 邱学绍.离散数学[M].2版.北京:机械工业出版社,2011.

[11] 罗熊,谢永红,刘宏岚,等.离散数学[M].2版.北京:高等教育出版社,2021.

[12] 贾振华,杨丽娟,孙红艳.离散数学[M].2版.北京:中国水利水电出版社,2016.

[13] 徐杰磐.离散数学导论[M].5版.北京:高等教育出版社,2016.

[14] 卢力.离散数学简明教程:习题解答与学习指导[M].北京:清华大学出版社,2021.

[15] 周丽,方景龙.应用离散数学[M].3版.北京:人民邮电出版社,2021.

[16] 谢美萍,陈媛.离散数学[M].3版.北京:清华大学出版社,2020.

图书资源支持

感谢您一直以来对清华版图书的支持和爱护。为了配合本书的使用，本书提供配套的资源，有需求的读者请扫描下方的"书圈"微信公众号二维码，在图书专区下载，也可以拨打电话或发送电子邮件咨询。

如果您在使用本书的过程中遇到了什么问题，或者有相关图书出版计划，也请您发邮件告诉我们，以便我们更好地为您服务。

我们的联系方式：

清华大学出版社计算机与信息分社网站：https://www.shuimushuhui.com/

地　　　址：北京市海淀区双清路学研大厦 A 座 714

邮　　　编：100084

电　　　话：010-83470236　010-83470237

客服邮箱：2301891038@qq.com

QQ：2301891038（请写明您的单位和姓名）

资源下载：关注公众号"书圈"下载配套资源。

资源下载、样书申请

图书案例

书圈

清华计算机学堂

观看课程直播